ST—西电教育部产学协同育人项目成果　嵌入式系统设计工程技术人员能力认证指定教材

高等学校电子信息类专业系列教材　　　　　　　陕西省计算机教育学会优秀教材

微处理器系统原理与应用设计

U0169619

陈彦辉　冯磊　康槿　编著

课程资源

西安电子科技大学出版社

内 容 简 介

  本书全面介绍微处理器系统的工作原理与应用设计的基本方法。全书分为七章，包括数字处理系统概述、微处理器、汇编指令、程序设计、片上微处理器系统、常规外设应用设计、典型微控制系统设计开发等内容。本书主要从微处理器结构出发介绍汇编指令，从汇编指令出发介绍 C 程序设计，旨在让读者深入理解微处理器的工作原理并掌握程序设计的精要，通过外设驱动程序设计和最小系统设计提高实际设计与调试能力。

  本书可作为高等学校电子信息类专业"微机原理"和"嵌入式系统程序设计"等课程的教材或教学参考书，亦可供其他专业师生及相关工程技术人员参考学习。

  本书作者精心制作了 PPT 文件，有需要的读者可向出版社申请。

图书在版编目(CIP)数据

微处理器系统原理与应用设计 / 陈彦辉，冯磊，康槿编著. —西安：西安电子科技大学出版社，2022.3(2023.12 重印)

ISBN 978-7-5606-6334-0

Ⅰ. ①微… Ⅱ. ①陈… ②冯… ③康… Ⅲ. ①微处理器—系统设计 Ⅳ. ①TP332

中国版本图书馆 CIP 数据核字(2021)第 259468 号

策　　　划	李惠萍
责任编辑	许青青　李惠萍
出版发行	西安电子科技大学出版社(西安市太白南路 2 号)
电　　话	(029)88202421　88201467　　邮　　编　710071
网　　址	www.xduph.com　　　　　电子邮箱　xdupfxb001@163.com
经　　销	新华书店
印刷单位	咸阳华盛印务有限责任公司
版　　次	2022 年 3 月第 1 版　2023 年 12 月第 2 次印刷
开　　本	787 毫米×1092 毫米　1/16　印　张　15
字　　数	350 千字
印　　数	3001～5000 册
定　　价	36.00 元

ISBN 978-7-5606-6334-0 / TP

XDUP　6636001-2

如有印装问题可调换

前　言

笔者自 2009 年起承担"微机原理与系统设计"(简称"微原")课程的教学，发现课程教学部分内容已不适应现代企业的需求，所介绍的经典微处理器 8086 虽然非常适合用来讲解原理，但是没有真实平台能够演示，使学生不能在实际应用中感受和领会微机原理的奥妙。

随着 ARM 系列微处理器的快速发展，基于 ARM 的微控器纷纷登场，不仅占领了大多数消费电子市场，在工业控制和专用领域也得到了广泛应用，特别是物联网时代的到来，使得嵌入式系统成为当代产业的"宠儿"。

作为课程负责人，笔者深知讲授 8086 与产业需求差别太大，现在的研发项目都在使用 ARM 平台，而 8086 仅仅是为了满足课程需要，因此采用 ARM 处理器代替 8086 来讲解微机原理势在必行。

使用 ARM 处理器时面临两种选择：基于 ARM7 内核或 Cortex-M3(简写为 CM3)内核的处理器。如何做出选择呢？在构思本书时，尽管 ARM7 的资料非常完善，按理说应该是最佳选择，但考虑到 CM3 是 ARM 公司的新产品，将来必定被广泛应用，且 CM3 的生态会更好；而 ARM7 只是一款当时流行的处理器，不久将会退出历史舞台。另外，CM3 的构架和指令操作相对简单易学，特别是存储访问和中断处理与 8086 相似；而 ARM7 的异常处理操作复杂且存储访问需要考虑字对齐，对于初学者有一定难度。经过对比斟酌，笔者最终选择了 CM3。2010 年的暑假完成了基于 STM32F103 的教学讲义，后由于事务较多，写写停停，终没有静心完成本书。

随着教学改革和专业认证等工作的推进，课程体系及内容都发生了变化。目前，"微机原理"课程分为两部分：一部分是"微处理器系统原理与应用"课程，主要包括 CM 系列处理器组成、汇编程序设计、系统组成结构和外设应用等内容；另一部分是"数字电路和逻辑设计"课程，包括总线和存储系统电路等内容以及采用数字电路实现简易微控器设计。

近两年，意法半导体公司中国大学计划发起了嵌入式技术专业培养与认证活动。通过调研发现，虽然用微处理器的人很多，但能够用好的人并不多，主要是对微处理器的原理掌握不深入，不能将原理与实际紧密融合，特别是对 C 语言与微处理器操作之间的关系不清楚。大家希望有一本将原理与应用相结合所编写的教材，让初学者掌握原理且能够利用原理来理解程序。笔者有幸得到了意法半导体公司中国大学计划资助的教育部产学协同育人项目的支持，从而有机会完成本书，了却十多年的愿望，也是对多年来课程教学改革的总结。

微机原理的重点是指令，它是连接软件和硬件的桥梁。用指令编写程序的实质是用户通过控制微处理器进行各种硬件操作。要编好程序，就要用好指令；要用好指令，则必须理解微处理器的构架及运行机制。基于指令的汇编程序开发在时间效率和易读性方面的表现比 C 语言差，因此利用 C 语言编写指令更便于理解硬件操作的过程。清楚了 C 语言的执行过程后，一方面可以灵活运用语句提高处理器的执行效率；另一方面可以从处理器执行过程中发现软件设计与执行的错误或不足，加快软件调试进程。

总而言之，"代码在手中，运行在心中"。也就是说，当我看到 C 程序时，就能够在脑海里浮现出处理器及系统各单元在相互协作、数据流在各单元中流出流入的宏观场面。

本书分为七章，各章安排如下：

第一章，从数字信息处理角度引入微处理器系统，同时给出微处理器所用的数制表示和二进制运算的基本规则，并介绍了微处理器及系统的发展史。

第二章，从信息处理系统设计的角度，按照运算器、寄存器、控制器、指令产生与编码、指令读取与译码的顺序渐入式勾勒出微处理器架构和操作机制，最终给出常规微处理器的完整架构。通过分析目前流行的 Cortex-M4 处理器的内核结构、存储系统和异常处理机制，可使读者对微处理器构造和指令运行机制有深入的认识，以便后面更好地理解和应用指令。

第三章，介绍了与指令及其操作相关的概念和流程，并从数据传输、数据运算、流程控制和异常处理这四个方面介绍微处理器最为通用的指令；利用图表结合的方法分析了处理器的具体操作方法，使读者能够"见指令明操作，想操作知指令"；还介绍了常用的数字信号处理指令，便于从事信号处理和数据通信工作的读者进行程序设计。

第四章，介绍了程序设计的基本方法，包括常规的变量定义、赋值、运算、分支跳转、调用等操作，同时对程序设计流程、异常处理编程和混合编程等内容进行了详细描述。大部分内容采用汇编语言和 C 语言两种方式对照描述，这样可以有效帮助读者建立 C 语句与微处理器操作之间的联系，让读者明白语句执行的原理和过程，能够从微处理器结构角度来理解软件的执行。

第五章，介绍了片上微处理器系统的基本构架和系统原理、Cortex-M4 处理器的基本组成和关键部件、STM32F401 的基本组成和典型外设原理、最为常用的中断系统结构与应用开发，使读者能够掌握微处理器系统的典型构架和组成以及典型外设的工作原理。

第六章，介绍了外设操作，即如何通过对外设接口中的寄存器进行读写来实现操作控制、状态读取、参数配置、数据收发，并穿插介绍了轮询和中断的应用；以 STM32F401 为平台，介绍了时钟管理、GPIO、EXTI、定时器、USART、DMAC、ADC 等常规外设的配置及应用设计。

第七章，介绍了如何根据需求来设计和开发一个简易的典型微控制系统，对电路设计、设备驱动开发、功能调试以及模拟仿真等关键环节进行了详细描述，使读者能够掌握微处理器系统的设计开发方法、微控制系统的常规电路设计、驱动软件设计的基本框架、硬件调试与集成等。

由于学习本书需要 C 语言基础，因此本书在附录中介绍了 C 语言程序设计入门。

为了使读者掌握微处理器系统的应用开发，本书给出了编程和调试的基本思路、方法与应用实例，读者可以在相应的平台上进行练习，有助于提升实际动手能力。

本书由西安电子科技大学通信工程学院陈彦辉、冯磊、康槿共同编著。陈彦辉编写第一、二、三、四章，陈彦辉与冯磊合编第五章和第六章，陈彦辉与康槿合编第七章。陈彦辉负责全书的统稿工作。

　　本书在编写过程中得到了意法半导体中国区微控制器市场及应用总监曹锦东先生、大学计划经理丁晓磊女士的帮助，在此表示感谢！

　　由于笔者水平有限，书中难免存在不妥之处，恳请广大读者批评指正。

陈彦辉

2022 年 12 月

目　录

第一章 数字处理系统概述

微处理器系统是一种通用的数字处理系统。

本章分别从信息处理系统的基本结构、数字系统中的二进制数及信息编码、数字处理系统的基本构成、典型微处理器及系统等方面对数字处理系统进行概要介绍。

本章学习目的:

(1) 理解微处理器系统所要解决的问题和所需要的关键技术;

(2) 掌握数字处理系统结构和二进制数。

1.1 信息处理系统的结构

如图 1-1 所示,信息处理系统主要由五部分构成:信息获取、信息加工、信息显示、信息存储、信息传输。

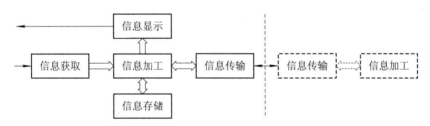

图 1-1 信息处理系统的结构

信息获取就是信息的输入,即从外部获得信息;信息显示就是信息的输出,即向外部展示信息;信息存储就是信息的保存,即将历史信息和计算结果保存起来以备将来使用;信息传输就是多个信息处理系统之间的信息交互;信息加工是信息处理系统的核心,负责处理输入信息,保存部分结果或读取以前的部分信息,传输共享信息,输出处理后的信息供外部使用或展示。

从系统角度来看,信息处理系统有输入/输出部件(负责信息获取、显示和传输)、存储部件(负责信息存储)、处理部件(负责信息加工)。

对于信息处理系统而言,信息获取是将物理量变成电路量,信息显示是将电路量变成物理量,信息存储是采用介质保存电路量,信息传输是将电路量通过介质传递出去,信息加工是将输入电路量通过相应的处理电路产生新的电路量。

信息的表现形式是多样的,人类通过相应的传感器将这些信息变为电信号,以便采用电子技术进行处理。例如,对于光信息,采用光电传感器;对于声音信息,采用声电传感器；对于压强量，采用压电传感器。目前有很多种传感器可将一个复杂的信息转换成不同的电信号。

最简单、最基本的信息处理系统由信息获取、信息加工和信息显示三部分组成。

下面以一个饮料灌装机的操作为例，介绍一个基本的信息处理系统。

图 1-2 是一款人工控制饮料灌装机的控制原理示意图。其操作步骤如下：

(1) 当饮料盒就绪时，压电转换器将重量变为相应的电信号，经过放大后在电压表上显示，电压表的指针读数代表重量。

(2) 根据电压表的指针读数决定需要给电磁铁通入多大电流来打开或关闭阀门。

(3) 根据所需要的电流大小来调节电流控杆，输出相应的电流来驱动电磁铁。电流驱动电路控制电磁铁的磁力大小，从而决定衔铁的位置(即阀门的开启度)。

对于电磁铁，电流越大，吸力越大，从而衔铁向电磁铁移动的距离越大，于是阀门的开启度也越大，因此液体流出速度越快；反之，当电流变小时，衔铁受到的吸力变小，弹簧的张力将衔铁推离电磁铁，因此阀门的开启度变小，液体流出速度变慢。当无电流时，衔铁回到初始位置，阀门处于关闭状态，无液体流出。

图 1-3 是根据电压决定电流的一种曲线。当检测到有饮料盒时，首先缓慢注入饮料，以防溅出；然后逐渐加快注入速度，直到阀门全打开；在饮料盒快要被注满时，逐渐关闭阀门。这个操控过程可以描述为如图 1-4 所示的流程。

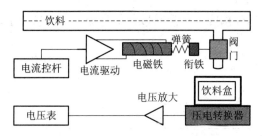

图 1-2　人工控制饮料灌装机控制原理示意图

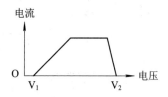

图 1-3　电压控制电流曲线

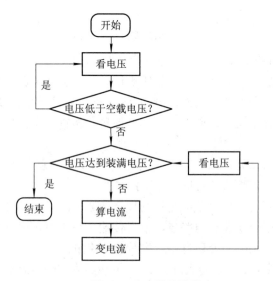

图 1-4　人工操控流程

为了提升工作效率，可采用电路来模拟人工控制。图 1-5 展示了采用模拟电路实现自动控制灌装的原理。

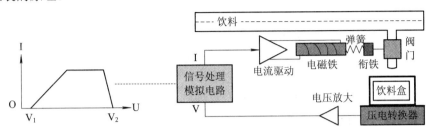

图 1-5　模拟电路自动控制灌装原理

模拟电路采用电子元件实现输出电流信号与输入电压信号之间的函数关系，这是一种信号处理系统。但是这种电路设计复杂，且当饮料或饮料盒参数变化时，不易更新升级。

因为人工操作流程可以非常容易地根据实际参数自动改变控制曲线，所以寻找一种电路，使它能够模仿人工操作流程才是最佳方案。人工操作并不是连续的，而是一种独立操作构成的流程。这种流程式操作是模拟电路难以做到的，需要采用一种基于数字电路且具有流程式操作的处理电路来完成自动控制，其系统原理如图 1-6 所示。

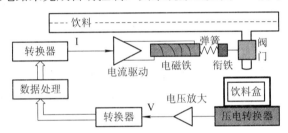

图 1-6　基于数字电路且具有流程式操作的处理电路的自动控制原理

在该处理电路中，采用专用输入转换器(相当于人的眼睛)将模拟电压转化为数值，即输入数据；采用数据处理电路(相当于人的大脑)对输入数据进行比较和算术运算处理，计算出控制数值，即输出数据；采用专用输出转换器(相当于人的手)将控制数值变为相应大小的电流，从而实现对阀门的开启控制。

为了构建这样的系统，就要确定如何用电信号表示数据，如何实现数值计算以及如何对处理流程进行保存和运行。

1.2　数制与运算

数据采用一个数值来表示，数值可以采用不同进制来表达。

在日常生活中，我们经常用十进制来表示数值，如 128、12.05、−34.4。十进制数采用十个数符 "0" "1" "2" "3" "4" "5" "6" "7" "8" "9" 分别表示值 0、1、2、3、4、5、6、7、8、9，这些也称为基数。一个十进制数由多个数符排列而成，每个数符占一位，每位的权值是 10 的幂。十进制数 $a_{N-1}\cdots a_0.a_{-1}\cdots a_{-M}$ 可以表示为

$$a_{N-1}\cdots a_0.a_{-1}\cdots a_{-M} = \sum_{i=-M}^{N-1} a_i 10^i$$

例如：

$$126 = 1\times10^2 + 2\times10^1 + 6\times10^0$$
$$1.26 = 1\times10^0 + 2\times10^{-1} + 6\times10^{-2}$$

数值可以采用任何大于 1 的整数进制来表示。对于 R 进制数，有 R 个数符作为基数，分别表示值 0，1，…，R-1。采用这些基数排列可以构成任意数值。假定某 R 进制数有 N 个整数位和 M 个小数位，可以表示为

$$(a_{N-1}\cdots a_0.a_{-1}\cdots a_{-M})_R = \sum_{i=-M}^{N-1} a_i R^i$$

采用电路来表示数值时，通常以电平来表示。实现 R 进制数的电路称为 R 进制电路，R 进制电路中需要 R 个不同电平。

对于二进制电路，需要 2 个电平，即高电平和低电平，通常采用具有开关特性的电子元件来产生这两个电平。电路的每根导线代表一位，且只有两种电平，即表示 1 的高电平和表示 0 的低电平。由此可知，一个 N 位二进制数 $D = (D_{N-1}D_{N-2}\cdots D_1 D_0)_2$ 需要 N 根导线传输。

1.2.1　二进制数

二进制数采用"0"和"1"两个数符作为基数，分别代表值 0 和 1。二进制数与十进制数的表示方式相近，同样由整数和小数两部分组成，其通用表达式为 $(b_{N-1}\cdots b_0.b_{-1}\cdots b_{-M})_2$，$b_i \in \{0, 1\}$。例如，$(11011)_2$、$(101.101)_2$，在某些情况下，采用括号不方便，可直接在字母后面加上"B"来表示其为二进制数，如 11011B、101.101B。

二进制数的每一位权值是 2 的幂，二进制数的值采用权值与数位的组合来计算其十进制数，通用公式如下：

$$(b_{N-1}\cdots b_0.b_{-1}\cdots b_{-M})_2 = \sum_{i=-M}^{N-1} b_i 2^i$$

例如，二进制数 1111011.1B 的十进制数是：
$$1\times2^6 + 1\times2^5 + 1\times2^4 + 1\times2^3 + 0\times2^2 + 1\times2^1 + 1\times2^0 + 1\times2^{-1}$$
$$= 64 + 32 + 16 + 8 + 2 + 1 + 0.5 = 123.5$$

123.5 与 1111011.1B 是同一个值，只是因采用进制不同而表现为不同形式。

由上可知，二进制数转换为十进制数时，可以采用"按权求和"获得。将十进制数转换为二进制数时，整数部分和小数部分需要分别对待，其具体转换方法如下所述。

1. 整数部分

对于整数部分，采用的是除二取余法，即对需要转换的十进制整数连续除以 2，直到商值为 0 后，将所有余数逆序排列即可得到对应的二进制整数部分。

例如，求值为 12 的二进制数，计算过程为

$$\begin{array}{r|l}
2 & 12 \\
\hline
2 & 6 \quad\cdots\quad 0 \\
\hline
2 & 3 \quad\cdots\quad 0 \\
\hline
2 & 1 \quad\cdots\quad 1 \\
\hline
& 0 \quad\cdots\quad 1
\end{array}$$

由此可得，$12 = 1100B$。

2．小数部分

对于小数部分，采用的是乘二取整法，即对需要转换的十进制小数，先对其乘以 2，取乘积的整数部分作为二进制小数部分的第一位数字，随后，取乘积的小数部分作为新的乘数去乘以 2，以此方法循环执行，直到乘积为整数时为止。

例如，求值为 0.6875 的二进制数，计算过程为

$$
\begin{aligned}
0.6875 \times 2 &= 1.375 \quad\cdots\quad 1 \\
0.375 \times 2 &= 0.75 \quad\cdots\quad 0 \\
0.75 \times 2 &= 1.5 \quad\cdots\quad 1 \\
0.5 \times 2 &= 1 \quad\cdots\quad 1
\end{aligned}
$$

由此可得，$0.6875 = 0.1011B$。

1.2.2 十六进制数与八进制数

二进制数采用 0 和 1 来表示，数值较大时位数较多，不方便使用。为此，在实际应用中多采用十六进制或八进制表示法。

十六进制数采用"0""1""2""3""4""5""6""7""8""9""A""B""C""D""E""F"这 16 个字符分别表示值 0～15。十六进制数采用 H 作为后缀或以 0x 为前缀，如 21EH、0x1C。采用 H 作后缀时，若高位为 A～F，则需加"0"作为前缀，如 0A1H。

八进制数采用"0""1""2""3""4""5""6""7"这 8 个字符分别表示值 0～7。八进制数采用 O 作为后缀，如 17O、-706O。

将二进制数转换为十六进制数时，整数部分从小数点向左，小数部分从小数点向右，每 4 位二进制数可表示为 1 位十六进制数。将十六进制数转换为二进制数时，将每位写成 4 位二进制数，仍按原顺序排列即可。十六进制数与二进制数的对应关系如表 1-1 所示。

表 1-1 十六进制数与二进制数的对应关系

十六进制数	二进制数	十六进制数	二进制数	十六进制数	二进制数	十六进制数	二进制数
0	0000	4	0100	8	1000	C	1100
1	0001	5	0101	9	1001	D	1101
2	0010	6	0110	A	1010	E	1110
3	0011	7	0111	B	1011	F	1111

例如：

$$\underline{0001}\ \underline{1010}\ \underline{0110}.\underline{1101}\ \underline{1000}\ B = 1A6.D8H$$
$$1 \quad A \quad 6 \ . \ D \quad 8$$

$$0C71.E5H = \underline{1100}\ \underline{0111}\ \underline{0001}.\underline{1110}\ \underline{0101}\ B$$
$$\quad\ \ C\quad\ 7\quad\ 1\ .\ E\quad\ 5$$

将二进制数转换为八进制数时，整数部分从小数点向左，小数部分从小数点向右，每 3 位二进制数可表示为 1 位八进制数。将八进制数转换为二进制数时，将每位写成 3 位二进制数，仍按原顺序排列即可。八进制数与二进制数的对应关系如表 1-2 所示。

表 1-2　八进制数与二进制数的对应关系

八进制	二进制	八进制	二进制	八进制	二进制	八进制	二进制
0	000	2	010	4	100	6	110
1	001	3	011	5	101	7	111

例如：

$$\underline{110}\ \underline{100}\ \underline{110}.\underline{110}\ \underline{110}\ B = 646.66O$$
$$\quad 6\quad\ 4\quad\ 6\ .\ 6\quad\ 6$$
$$371.05O = \underline{011}\ \underline{111}\ \underline{001}.\underline{000}\ \underline{101}\ B$$
$$\qquad\quad 3\quad\ 7\quad\ 1\ .\ 0\quad\ 5$$

1.2.3　二进制算术运算

二进制数的算术运算与十进制数的类似。

1. 加法

加法规则是：同位相加，逢 2 进 1。具体规则如下：

$0 + 0 = 0$；$0 + 1 = 1$；$1 + 0 = 1$；$1 + 1 = 10$。

例如，$11 + 14 = 25$，用二进制数加法运算表示为 $1011B + 1110B = 11001B$，其运算竖式如下，其中有三次进位。

```
        1 0 1 1  B
     +  1 1 1 0  B
     ------------
      1 1 0 0 1  B
```

2. 减法

减法规则是：同位相减，借 1 作 2。具体规则如下：

$0 - 0 = 0$；$1 - 0 = 1$；$1 - 1 = 0$；$10 - 1 = 1$。

例如，$25 - 14 = 11$，用二进制数减法运算表示为 $11001B - 1110B = 1011B$，其运算竖式如下，其中有三次借位。

```
      1 1 0 0 1  B
     -  1 1 1 0  B
     ------------
      1 0 1 1  B
```

3. 乘法

乘法采用与十进制相似的"逐位相乘，移位相加"的规则。例如，$11 \times 7 = 77$，即 $1011B \times 111B = 1001101B$，其计算过程如下：

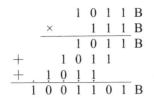

$$\begin{array}{r} 1\,0\,1\,1\,B \\ \times \quad 1\,1\,1\,B \\ \hline 1\,0\,1\,1\,B \\ +\quad 1\,0\,1\,1 \\ +\,1\,0\,1\,1 \\ \hline 1\,0\,0\,1\,1\,0\,1\,B \end{array}$$

4．除法

除法采用与十进制相似的规则。例如，$77 \div 7 = 11$，即 $1001101B \div 111B = 1011B$，其计算过程如下：

$$\begin{array}{r} 1\,0\,1\,1\,B \\ 1\,1\,1\,B \overline{)\,1\,0\,0\,1\,1\,0\,1\,B} \\ -\;1\,1\,1 \\ \hline 1\,0\,1\,0 \\ -\;1\,1\,1 \\ \hline 1\,1\,1 \\ -\,1\,1\,1 \\ \hline 0 \end{array}$$

5．移位

移位是指数的所有位同时向左或向右移动规定数位。

移位时，左移低位补 0，右移高位补 0。

移位相当于缩放器。二进制数左移 N 位后值扩大为原值的 2^N 倍；右移 N 位后值缩小为原值的 $\dfrac{1}{2^N}$。

左移运算用"<<"表示，符号">>"表示右移运算。比如，$011011B >> 2 = 000110B$，$100100B >> 3 = 000100B$，$000101B << 2 = 010100B$，$111101B << 2 = 110100B$。

1.2.4 数值编码

在数字处理系统中，为了方便存储和交换，通常会对数值的位数进行限制，其取值范围也因此而受限。比如对于 N 位二进制整数，其最大值为 2^N-1。由于没有正负之分，因此这类数值也称为无符号数。

通常将二进制数的 1 位称为 1 比特(bit)；8 个比特称为 1 字节(Byte)，其取值范围为 0～255，共有 256 个数。16 比特为双字节，其取值范围为 0～65 535，共有 65 536 个数。32 比特为四字节，其取值范围为 0～4 294 967 295，共有 4 294 967 296 个数。

在计算机领域通常将 $2^{10} = 1024$ 记作 1 K，2^{20} 记作 1 M，2^{30} 记作 1 G，2^{40} 记作 1 T。故 65 536 也可表示为 64 K，4 294 967 296 也可表示为 4 G。

二进制数主要用于计算机或数字电路系统，当需要用到正负数，即有符号数时，使用正负号不便于描述，为了解决此问题，需要对有符号数进行特殊处理。

1．原码

在原数值前加上一个符号位可构成新的数。比如，$+1011B = 01011B$，$-1011B = 11011B$。这种表达方式称为原码。原码首位为符号位，为 1 表示负数，为 0 表示非负数。因为最高位是符号位，所以最高位的 0 不能省略。

如果一个数采用原码表示，那么首位判为符号，后面所有位为该数的绝对值。比如，1110B = −110B，0110B = +110B，110B = −10B。

因为原码的最高位不是数值，所以无法直接进行数学运算。

2．补码

原码采用 0 或 1 表示符号，但不能直接进行算术运算。那么，是否存在一种最高位，它既代表符号又可以表示数值呢？

对于非负数，前面加一位作为符号位，因为填写 0，所以不影响计算。

非负数 a 采用 N 位补码表示，因最高位为符号位且为 0，余下的 N − 1 位为值，故取值范围为 $0 \sim 2^{N-1}-1$。

对于负数 −a(a>0)，可以视为 0−a 运算。0−a 的差与 2^N-a 的差中，低 N 位是相同的，由于必须向第 N + 1 位借位，因此差的第 N 位一定为 1，恰好可以作为符号位。

令 $a' = 2^N - a$，即 $a' + a = 2^N$，称 a′ 为 −a 的补码。至此，可以采用一种新的表达方式来描述有符号数值。

非负数的补码等于其原码，负数的补码等于 2^N 减去其绝对值，即 $2^N - |a|$。

对于 N 位数，其非负范围为 $0 \sim 2^{N-1}-1$，其负值范围为 $-2^{N-1} \sim -1$，如表 1-3 所示。

表 1-3　N 位补码值列表

N 位二进制数	值	备注
00⋯0	0	
⋮	⋮	
01⋯1	$2^{N-1}-1$	最大值
10⋯0	-2^{N-1}	最小值
⋮	⋮	
11⋯1	−1	

运用补码可使 N 位二进制数的数学运算得以实现。

采用补码进行计算时，两数必须扩展为相同位数。比如 10 + (−30) 中，10(1010B) 采用至少 4 位二进制数来表示，30(11110B) 采用至少 5 位二进制数来表示，因此统一采用 6 位二进制数来表示，即 10 = 001010B，−30 = 100010B，则 001010B + 100010B = 101100B = −20。

由于补码计算采用定位数计算，所以容易出现"溢出"情况而产生计算错误。产生溢出的原因是计算结果超出了当前位数所限定的范围。因此，在进行算术运算时，一定要确定合理的位数以避免溢出。

采用补码表示时，移位操作不能影响数的符号。左移时低位补零，右移时高位补符号，这种移位称为算术移位。无论如何移位，都要确保：正数不丢高位 0，负数不失高位 1。

比如，011011B >> 2 = 000110B，100100B >> 3 = 111100B，000101B << 2 = 010100B，111101B << 2 = 110100B。

右移时原来的低位数会消失，左移过多位则可能导致符号位丢失而发生错误。

补码的优点是将符号位向前复制扩展任意位，其值不变。例如，10 = 01010B = 0001010B，−10 = 10110B = 111110110B。

1.2.5　数据编码与逻辑运算

1. 字符编码

前面所述的二进制主要用于表示数字，但是在实际应用中，计算机也有文字需要处理。由于现代计算机所有的数据存储均使用的是二进制，因此，就需要使二进制序列与文字之间一一对应来表示信息。

ASCII(American Standard Code for Information Interchange)码采用 7 位来表示字母、数字以及标点符号。字符串"1 Hello!"的 ASCII 码表示如下：

"1"(49) "H"(72) "e"(101) "l"(108) "l"(108) "o"(111) "!"(33)

0110001 0101000 1100101 1101100 1101100 1101111 0100001 B

汉字字符采用双字节的 16 位二进制数进行编码，为了避免与西文字符的 ASCII 码产生二义性，编码的 2 字节的最高位均为 1。

根据不同的需求，还有 8421、8421BCD、格雷码等多种编码形式。这些编码的具体映射关系虽然各不相同，但是其根本原理是一致的，都是为了表示某些符号。

2. 逻辑编码与运算

在现实中，有许多信息表现为"非此即彼"，可以说这类信息只需用 0 和 1 表示即可，这里 0 和 1 不是数值，而是一种状态。这类信息对应的量通常称为逻辑量(或开关量)，1 和 0 分别表示"真"和"假"。

将多个逻辑量用 0 和 1 表示，按照一定顺序组合在一起构成一个二进制数，这一过程就是逻辑信息编码。逻辑信息编码不能直接进行算术运算，通常可对每位进行逻辑运算，即进行与、或、非等运算。

1) 与运算

与运算又称为逻辑乘，采用符号·或&表示。与运算的基本规则为：$0 \cdot 0 = 0$，$0 \cdot 1 = 0$，$1 \cdot 0 = 0$，$1 \cdot 1 = 1$。简言之，"遇 1 保持，遇 0 变 0"。

2) 或运算

或运算又称为逻辑加，采用符号 + 或 | 表示。或运算的基本规则为：$0 + 0 = 0$，$0 + 1 = 1$，$1 + 0 = 1$，$1 + 1 = 1$。简言之，"遇 0 保持，遇 1 变 1"。

3) 非运算

非运算采用符号 ¯ 或 ~ 表示。非运算的基本规则为：$\bar{0} = 1$，$\bar{1} = 0$。简言之，"0 变 1，1 变 0"。

4) 异或运算

异或运算即两数相同时为 0，相异时为 1，采用⊕或 ^ 表示。异或运算的基本规则为：$0 \oplus 0 = 0$，$0 \oplus 1 = 1$，$1 \oplus 0 = 1$，$1 \oplus 1 = 0$。简言之，"遇 0 保持，遇 1 取反"。

例如，11001B · 10101B = 10001B，11001B + 10101B = 11101B，11001B⊕10101B = 01100B。

5) 与非运算

与非运算是两数位与后再取反。与非运算的规则为：$\overline{0 \cdot 0} = 1$，$\overline{0 \cdot 1} = 1$，$\overline{1 \cdot 0} = 1$，$\overline{1 \cdot 1} = 0$。

简言之，"遇 0 变 1，遇 1 取反"。

1.3 数字处理系统的构成

1.3.1 系统结构

随着电子技术的快速发展，采用数字逻辑电路来实现数学运算、比较运算、逻辑运算都非常容易，因此信息必须转换成由高低电平表示的数才能应用数字逻辑电路实现信息的加工。

电信号通常是模拟信号，通过模拟/数字转换器(ADC)变为数字信号，该信号均由高低电平组合而成，进而产生二进制数，这些数在数字逻辑电路中被称为数据。

数字逻辑电路对输入的数据进行处理后，输出二进制数据，输出的数据通过数字/模拟转换器(DAC)变为模拟电信号，再用电信号控制相应的设备来产生规定格式的信息。在整个处理过程中需要保存输入和输出数据以及中间的计算结果，因此需要二进制数据存储设备。

图 1-7 是基于数字处理单元的饮料自动灌装机自动控制原理示意图。

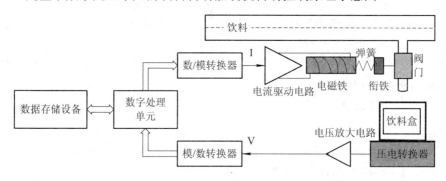

图 1-7 基于数字处理单元的饮料灌装机自动控制原理示意图

图 1-7 所示结构的工作原理如下：

(1) 当饮料盒就绪时，压电转换器将重量变为相应的电信号，经过放大和模/数转换后变为二进制数，该数值相当于重量。

(2) 数字处理单元根据该数值按照规定的控制规则产生控制阀门开启度的数值。

(3) 数/模转换器将产生的数值变为相应的电信号，由电流驱动电路控制电磁铁的磁力大小，从而决定阀门的开启度。

对于数字处理单元来说，源数据是模/数转换的结果，压电转换器、电压放大电路和模/数转换器这三个部件都是用来提供源数据的，所以这三个部件组合为一个外部输入设备。

同理，数/模转换、电流驱动电路、电磁铁、弹簧、衔铁和阀门这些部件都是为数字处理单元所产生的控制数据服务的，它们组合为数字处理单元的一个外部输出设备。

该自动控制系统清楚地展示了信息系统的构成，即输入设备、输出设备、处理单元和存储设备。

1.3.2　处理流程

系统处理流程是系统正常运行的关键。为了让读者初步了解数字处理系统的处理流程，下面以自动灌装流程为例，讨论其中的几个问题。

1．如何判定饮料盒就绪

通常检测到重量值 V 在一个区间(V_1, V_2)内时就认为饮料盒就绪。但实际操作中会出现误操作，比如当移走饮料盒时，重量值发生从大到小的快速变化，也会产生处于该区间的数值，从而导致阀门开启，出现误灌。

为此，在实际操作中，通常增加输入数据稳定判断功能，即将当前重量值与前一个重量值进行比较，若相差很小，则认为当前获取的值已稳定，进而再判定该值是否处于就绪区间。

2．如何设计灌装

饮料盒就绪后，数/模转换单元输出电流，控制阀门开启，否则数/模转换单元不输出电流，且阀门关闭。

3．如何进行控制

图 1-8 是整个操作过程的流程图。假定 DA 值最小为 0，最大为 31，值越大表示输出电流越大。当设备开机时，输出电流 DA 值为 0，使阀门关闭；接着不断检测重量值 x 并计算其变化量，若重量值 x 低于 V_1 或变化量较大，则继续检测重量值 x，否则查看 x 是否在区间(V_1, V_2)中。当 x 在该区间内时，工作状态变为"就绪"，然后输出电流 DA 值为 31；当 x 大于等于 V_2 时，输出电流 DA 值为 0，开始进行下一次的灌装操作。

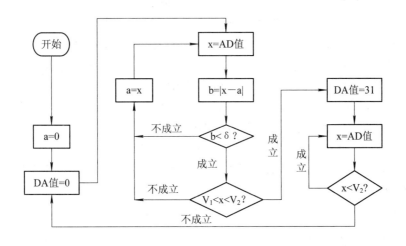

图 1-8　自动控制操作流程图

1.3.3　操作描述

从图 1-8 所示的流程图中可知，一个处理过程是由赋值、减法运算、比较运算、转移等操作和若干存储量按照一定流程构成的具体操作流。为了便于描述，对操作采用格式化的描述方式。

通常数据处理包括两种操作，即数据加工(运算)和流程控制。

常规操作中都有源数据和目的数据，其数学描述为

lbl: dst=op(src)

上述描述被称为操作指令。其中，op 称为操作符；src 称为源操作数；dst 称为目的操作数；lbl 称为标号，用来标识指令，供其他指令使用。在实际应用中也有一些特殊的流程控制操作，它们可能只有源操作数或目的操作数，或者无操作数。

1. 操作

1) 赋值

直接向存储量赋值的操作描述为

X=<数值或存储量>

从外设读取值并赋给存储量的操作描述为

X=IN(<外设>)

将存储量的值或数值写向外设指令的操作描述为

OUT(X,<外设>)

2) 减法运算

减法器有两个输入 A 和 B，输出为差 D 和借位标志 CF，其指令描述为(CF,D) = SUB(A,B)。若运算产生借位，则 CF=1，否则 CF=0。

3) 比较运算

比较器有两个输入 A 和 B，比较的实质是减法运算，只是不输出差值而已。对于无符号数来说，若减法运算产生借位，则表明 A<B，否则表明 A≥B。为了区分"大于"和"等于"，需看差值是否为零，故引入零值标志 ZF，算术运算结果为 0 时 ZF=1，不为 0 时 ZF=0。

由此可知，比较运算描述为(CF,ZF)=CMP(A,B)，该 CF 值与减法运算结果中的 CF 相同。无符号数的比较结果与标志的对应关系是：ZF=1 判为 A==B，这里"=="为"相等"关系符；CF=1 判为 A<B；CF=0 且 ZF=0 判为 A>B。

ZF 与 CF 一样有助于判定计算结果的特性，且都可以作为减法运算的目的操作数，因此，减法运算可以进一步描述为(CF,ZF,D)=SUB(A,B)。

由于数学运算都可能会对 CF 和 ZF 有作用，因此将这些标志组合为操作数 FLG，FLG 是这些运算的输出结果之一。那么，前面的运算指令可以再次更改为(FLG,D)=SUB(A,B)和 FLG=CMP(A,B)。

4) 转移

在实际处理中，处理过程并不是按照从始至终的顺序逐一进行操作的，而是根据某个比较判断直接转移(亦称跳转)到其他操作的。为了便于描述转移，在需要转移到的操作前面添加不同的字符串来标识操作，并采用":"与操作隔离，称为标号。例如：

LL: (FLG,D)=SUB(A,B)

这里，LL 为标号，表示转移的位置。

转移操作符为 JMP，其描述表达式为 JMP(<标号>)。

对于有条件转移(跳转)，则采用如表 1-4 所示的操作符。表 1-4 中也给出了转移成立

的条件。

表 1-4 条件转移(跳转)操作符

条件	操作符	ZF	CF	条件	操作符	ZF	CF
大于	JA	0	0	不大于	JNA	1/0	0/1
小于	JB	0	1	不小于	JNB	x	0
等于	JE	1	0	不等于	JNE	0	x

2. 流程与程序

下面采用运算操作和转移操作对图 1-8 所示的流程重新进行描述，画出处理流程图，如图 1-9 所示。

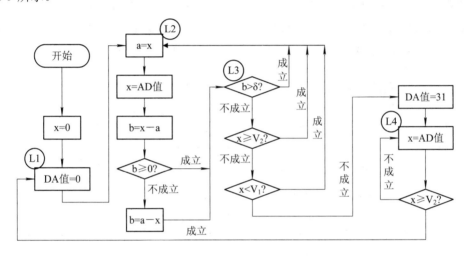

图 1-9 基于运算和转移操作的处理流程图

处理流程可以采用操作助记符描述。由大量操作按一定顺序构成的处理流程称为程序。图 1-9 所描述的系统的处理程序可编写如下：

```
      x=#0
L1:   out(#0,#DA)
L2:   a=x
      x=in(#AD)
      (flg,b)=sub(x,a)
      jnb(L3)
      (flg,b)=sub(a,x)
L3:   flg=cmp(b,#delta)
      ja(L2)
      flg=cmp(x,#V2)
      jnb(L2)
      flg=cmp(x,#V1)
      jb(L2)
      out(#31,#DA)
```

```
L4:  x=in(#AD)
     flg=cmp(x,#V2)
     jb(L4)
     jmp(L1)
```
程序中以#开头的量表示一个数值，也称为立即数。

1.3.4 基于微处理器的系统结构

信息处理过程可以采用由特定的指令组成的程序来完成。将指令采用二进制数来编码可构成指令码，那么程序中的指令用二进制数表示则构成程序代码，将这些代码保存在代码存储设备中，由处理电路一条一条读取执行，即可完成规定的动作。

通常把能够读取指令代码和执行代码来完成具体操作的数字处理单元称为处理器；把保存处理程序及处理数据的存储设备称为存储器；把外部输入设备和外部输出设备统称为外部设备，简称外设。

存储器可以分为程序存储器和数据存储器，分别用于存储程序代码和处理所需要的数据。如果没有存储器，处理器就无法获取代码，更无法处理数据。

外设与处理器之间需要交换的数据，通常保存在专用的存储部件——寄存器中。该寄存器主要用于保存外设提供的或输出到外设的数据。寄存器的应用方便了处理器与外设之间的数据交换，使处理器不受外设内部操作的影响。通常把为某外设服务的多个寄存器构成的部件称为输入/输出接口或外设接口，处理器对外设操作实质是对接口的寄存器进行操作。

图 1-10 为采用处理器执行程序来实现饮料自动灌装功能的系统示意图，这就是程序化信息处理方式。

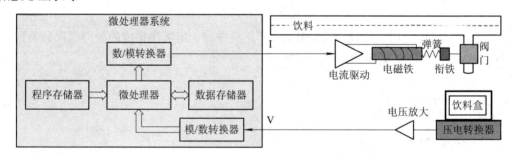

图 1-10　基于处理器系统的饮料自动灌装机示意图

由此可见，程序化信息处理方式既需要包含微处理器、程序存储器、数据存储器和外设的硬件系统，也需要与之相配套的采用程序代码来控制硬件实现功能的软件系统，两者相辅相成，缺一不可。

1.4 典型微处理器及系统

当前最为流行的处理器主要有两类：一类是用于 PC、服务器等机器的 Intel(英特尔)处理器，另一类是用于嵌入式系统、移动互联设备等的 ARM(安谋)处理器。Intel 处理器的指令集为 CISC(复杂指令集计算机)架构，而 ARM 处理器的指令集为 RISC(精简指令集计算机)架构。RISC 处理器在嵌入式系统中的应用非常广泛，目前 RISC-V 异军突起，许多国产处理器都采用 RISC-V 架构。

微处理器与多种输入/输出设备组合构成了微处理器系统，如图 1-11 所示。常用微处理器系统有个人计算机(PC)、服务器/工作站、智能家电、移动终端、移动电话、机器人、自动驾驶设备等。

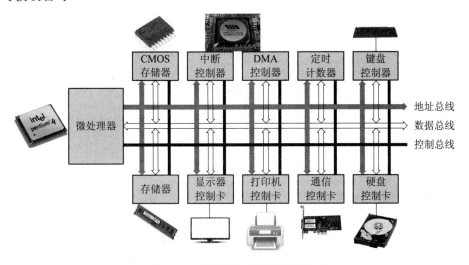

图 1-11　典型微处理器系统的构成

1.4.1　Intel 微处理器

1. 第一代微处理器(1971—1973 年)

第一代微处理器为 4 位或 8 位微处理器，典型的有 Intel(英特尔)公司的 intel 4004 和 intel 8008 微处理器。

intel 4004 是 4 位微处理器，如图 1-12 所示，它可进行 4 位二进制的并行运算，有 45 条指令，速度为 0.05 MIPS(每秒百万条指令)，主要用于计算器、电动打字机、照相机、电视机等家用电器。intel 8008 是世界上第一款 8 位微处理器，工作速度较慢，指令系统不完整，存储器容量很小，只有几百字节，没有操作系统，只有汇编语言，主要用于工业仪表、过程控制等。

图 1-12　intel 4004

2. 第二代微处理器(1974—1977 年)

第二代微处理器是 8 位微处理器，典型的有 intel 8080/8085(如图 1-13 所示)、Zilog 公司的 Z80 和 Motorola 公司的 M6800。与第一代微处理器的相比，第二代微处理器的集成度提高了 1～4 倍，运算速度提高了 10～15 倍，指令系统相对比较完善，已具备典型的计算机体系结构及中断、直接存储器存取等功能，平均指令执行时间为 1～2 μs，采用汇编语言、BASIC、Fortran 编程，使用单用户操作系统。

图 1-13　intel 8080

3. 第三代微处理器(1978—1984 年)

第三代处理器为 16 位微处理器。Intel 公司率先推出了 16 位微处理器 8086，如图 1-14 所示，为了方便原来的 8 位机用户，又推出了准 16 位微处理器 8088。

8086 微处理器的最高主频为 8 MHz，具有 16 位数据通道，内存寻址能力为 1 MB。同时，Intel 公司还生产出了与之相配合的数学协处理器 i8087。这两种芯片使用相互兼容的指令集，其中 i8087 指令集中增加了一些专门用于对数、指数和三角函数等数学计算的指令。人们将这些指令集统一称为 x86 指令集。

16 位处理器还有 Zilog 公司的 Z8000 和 Motorola 公司的 M68000。16 位微处理器比 8 位微处理器有更大的寻址空间、更强的运算能力、更快的处理速度和更完善的指令系统。所以，16 位微处理器已能够替代部分小型机的功能，特别是在单任务、单用户的系统中，8086 等 16 位微处理器更是得到了广泛的应用。

1981 年，美国 IBM 公司将 8088 芯片用于其研制的 IBM-PC 中，从而开创了全新的微机时代。也正是从 8088 开始，个人电脑(PC)的概念开始在全世界范围内发展起来。

Intel 公司在 8086 的基础上又研制出了 80286 微处理器，如图 1-15 所示，该微处理器的最大主频为 20 MHz，内、外部数据传输均为 16 位，使用 24 位内存储器的寻址方式，内存寻址能力为 16 MB。

4. 第四代微处理器(1985—1992 年)

第四代处理器为 32 位微处理器。1985 年 Intel 公司划时代的产品——80386DX 正式发布，如图 1-16 所示，其内部包含 27.5 万个晶体管，时钟频率最高可达 33 MHz。intel 80386DX 的内部和外部数据总线是 32 位，地址总线也是 32 位，可以寻址到 4 GB 内存，并可以管理 64 TB 的虚拟存储空间。32 位微处理器强大的运算能力，使 PC 的应用扩展到很多领域，如商业办公和计算、工程设计和计算、数据中心、个人娱乐等。intel 80386 使 32 位 CPU 成为了 PC 工业的标准。

intel 80486 芯片如图 1-17 所示，首次突破了 100 万个晶体管的界限，集成了 120 万个晶体管，使用 1 μm 的制造工艺，时钟频率提高到 50 MHz。

图 1-14　intel 8086

图 1-15　intel 80286

图 1-16　intel 80386

图 1-17　intel 80486

5. 第五代微处理器(1993—2005 年)

第五代处理器的典型产品是 Intel 公司的奔腾系列芯片(如图 1-18 所示)，以及与之兼容的 AMD 的 K6 系列微处理器芯片。奔腾系列芯片内部采用了超标量指令流水线结构，并具有相互独立的指令和数据高速缓存。

pentium Ⅱ 处理器集成了 750 万个晶体管，结合 intel MMX 技术，能以极高的效率处理影片、音效以及绘图资料，可以支持网络多媒体传输与应用。pentium Ⅲ处理器集成了 950 万个晶体管，使用 0.25 μm 工艺，并加入了 70 个新指令。pentium 4 处理器内建了 4200 万个晶体管，采用 0.18 μm 工艺，主频高达 3.2 GHz。双核心处理器有 pentium D 和 pentium Extreme Edition，采用 90 nm 工艺，Intel 同时推出了 945/955/965/975 芯片组来支持该双核心处理器。

图 1-18　intel pentium 系列

6. 第六代微处理器(2005 年至今)

2005 年至今，第六代微处理器占领天下，以 Intel 公司的酷睿(Core)系列微处理器为代表，如图 1-19 所示。Core i3/5/7 是一款基于 Nehalem 架构的四核处理器，采用整合内存控制器、三级缓存模式(L3)，三级缓存达到 8 MB。2010 年 6 月，Intel 公司再次发布革命性的处理器——第二代 Core i3/i5/i7，其革新技术包括：采用全新 32 nm 的微架构，具有更低的功耗和更强的性能；内置高性能 GPU(核芯显卡)，视频编码、图形性能更强；应用睿频加速技术 2.0，更智能、更高效能；引入全新环形架构，带来更高带宽与更低延迟；采用全新的 AVX、AES 指令集，加强了浮点运算与加密解密运算。

图 1-19　Intel Core 系列

1.4.2 ARM 处理器

1978 年,物理学家 Hermann Hauser 和工程师 Chris Curry 合伙在英国剑桥成立了一家公司,公司取名 Cambridge Processor Unit(CPU),该公司主要从事为当地市场提供电子仪器设备的业务。1979 年公司更名为 Acorn Computer 有限公司。

Acorn 公司想要升级机器内的 CPU,并决定自行设计研发 CPU。由于采用了 RISC 架构,因此该微处理器的名称就取为 Acorn RISC Machine(ARM)。

1985 年,Acorn 公司设计出了第一代处理器芯片,称为 ARM1,它采用 3 μm 工艺、总计 2.5 万个晶体管、6 MHz 运行时钟。同时期 Intel 公司的 80286 使用 1.5 μm 工艺、13.4 万个晶体管、6~12 MHz 运行时钟。

ARM 专注于低成本、低功耗的研发方向,将 ARM2 处理器架构更新到 ARMv2,在核心之中新增了乘法器。ARM3 处理器架构 ARMv2a 第一次在 CPU 里内建了 4 KB 快取模块。

1990 年,Acorn 公司开始与苹果计算机合作发展新一代的 ARM 芯片,为此设立了一家公司,称为 Advanced RISC Machines 公司。

1991 年发展出的 ARM6 处理器架构更新为 ARMv3,主要扩展了存储器定址线。之前的 ARM 产品都只有 26 位的存储寻址,最大可支持 64 MB 的存储器。ARM6 完整支持 32 位的存储寻址,最大支持到 4 GB。

1993 年推出的 ARM7 延续了 ARMv3 的核心,快取模块增大至 KB 级,时钟高达 40 MHz。ARM7TDMI(处理器架构为 ARMv4T)除了原本的 32 位元指令集外,还新增了 Thumb(精简过的 16 位元指令集)。ARM9 处理器家族内部的处理器架构为 ARMv5TE,采用哈佛结构。ATMEL 公司的 ARM7 和 ARM9 处理器如图 1-20 所示。

ARM10E 的处理器架构升级为 ARMv5TE,加入了 VFP(矢量浮点架构)的协同处理器,提升了浮点数运算能力。

ARMv6 架构于 2001 年被提出,对应于 ARM11 处理器家族。新增的 SIMD 处理功能,相当适合用于影片加速处理。同时,ARM11 MPCore 被提出,它首次将多核心的概念导入 ARM 处理器中。Thumb 指令集也升级到第 2 代 Thumb-2,将原先 16 bit 的指令集部分扩展到 32 bit,变成同时拥有 16 bit 和 32 bit 指令长度的指令集。第一代 iPhone 采用 ARMv6 处理器架构。

ARM11 之后的处理器家族采用 Cortex 命名,并针对高、中、低阶分别划分为 A、R、M 三大处理器。高端手机用 Cortex-A 系列,微控制器用 Cortex-M 系列,需要较高性能或实时处理性能的系统用 Cortex-R 系列。图 1-21 为 TI 的 Cortex-A9 处理器 AM4378 和 STM 的 Cortex-M3 处理器 STM32F103。

图 1-20　ARM7/9 处理器　　　　　　　　　图 1-21　ARM Cortex 系列处理器

除了 Cortex-M0、Cortex-M1 为 ARMv6-M，其他 Cortex 的处理器架构更新到 ARMv7，同样由高至低分成 ARMv7-A、ARMv7-R、ARMv7-M 三种。其中，ARMv7-M 不支持最原始的 ARM 指令集，仅支持 16 bit 的 Thumb 指令集，加入了嵌入向量中断控制器(NVIC)，可提供更快的中断处理。Cortex-A(ARMv7-A)和 Cortex-R(ARMv7-R)两种架构基本上是相同的，都支持更新的进阶型 SIMD 处理器，称为 NEON，其效能至少是 ARMv6 的 2 倍。

ARMv8 处理器有两种执行状态：AArch32 和 AArch64。前者完全兼容 ARMv7 的指令集及架构，可将其原封不动地移植到 ARMv8 上；后者则是全新的指令集与处理器架构。

1.4.3 微处理器系统的应用

微处理器系统可以分为三类，即高端服务器型、桌面通用型和小型专用型。

高端服务器型的适用对象是服务器和集群，支持大业务并发量和长期不间断工作，对计算性能和稳定性有较高要求，支持多路互联。目前主流的高端服务器所采用的处理器是 Intel 公司的至强系列。

桌面通用型的适用对象主要是个人电脑。台式机和笔记本电脑有电源支持，功耗控制不再是主要问题，处理器性能要求成为重点。目前主流的桌面通用处理器是 Intel 公司的酷睿系列和 AMD 公司的 Ryzen 系列。

小型专用型的适用对象是计算要求不高、功耗较低的嵌入式专用设备。根据所用嵌入式处理器的性能，小型专用型微处理器分为两类：第一类是打印机、智能家电、物联网仪表等性能要求较低的应用设备，多使用 ARM 的 Cortex-M 系列低功耗嵌入式处理器；第二类是手机、平板等需要较高性能的个人移动设备，多使用 ARM 的 Cortex-A 系列高端嵌入式处理器。

小型专用型微处理器系统的主要应用领域如下：

(1) 工业控制。工业自动化控制中，大量 8 位、16 位和 32 位嵌入式微处理器系统被用于数控机床、工业监测设备、石油化工等领域。

(2) 交通管理。嵌入式微处理器系统被广泛用于智能红绿灯、导航仪、行车记录仪、车辆状态检测等领域。

(3) 智能家电。机顶盒、自动洗衣机、智能空调、网络电视、智能微波炉上都有嵌入式微处理器系统的运用。

(4) 智能穿戴设备。智能手环、智能手表、智能眼镜的应用离不开嵌入式微处理器系统的信息处理。

(5) 手持设备。手机、数码相机、平板、电子书依赖于强大的微处理器系统。

(6) 通信领域。嵌入式微处理器已广泛应用在无线通信设备、网络芯片、嵌入式数字信号处理器中。其中，华为公司自主研发的 5G 通信芯片麒麟 990 是全球首款基于 7 nm 以及紫外光刻工艺的片上系统(SoC)，如图 1-22 所示，它采用 2 个大核(Cortex-A76)+2 个中核(Cortex-A76)+4 个小核(Cortex-A55)的系统架构。

图 1-22 华为麒麟 990

习 题

1-1 简述信息处理系统结构的组成及其中部件的作用。

1-2 模仿图 1-6，给出任意一种基于数字电路且具有流程式操作的处理电路的自动控制系统。

1-3 数字处理电路中为什么采用二进制来表达数值？电路中如何表示一个具体的数值？

1-4 将以下十进制数分别采用二进制数和十六进制数表示。

(1) 10；　　　(2) 2.5；　　　(3) −127；　　(4) 255；

(5) 0.125；　　(6) −13.75；　　(7) −55。

1-5 将以下二进制数采用十进制数和十六进制数表示。

(1) 1101.11B；　(2) −110110B；　(3) 1101.001B；

(4) −1010B；　　(5) 0.111B；　　(6) 1111B。

1-6 将下面的十六进制数采用十进制数和二进制数表示。

(1) 4CH；　　　(2) −0A7.EH；　　(3) 2FFH；

(4) −390AH；　　(5) 84.32H；　　(6) 0.0FH。

1-7 采用 8 位补码表示以下数值。

(1) 80；　　　(2) −80；　　　(3) −1；　　　(4) 100；

(5) −100；　　(6) 64；　　　(7) −64；　　(8) −33。

1-8 完成以下算术和移位运算。

(1) 111011+011101；　(2) 1101−0101；　(3) 1100<<2；　　(4) 110010>>3。

1-9 完成以下逻辑运算。

(1) 11011 · 10010；　(2) 1010+1001；　(3) 10100^11011；　(4) $\overline{1001}$ 。

1-10 设计一个自动恒温设备，要求如下：

(1) 给出基于微处理器系统的自动恒温设备结构图；

(2) 给出处理流程；

(3) 设计操作指令，并利用操作指令来处理程序。

第二章　微处理器

本章首先从设计的角度渐入式地介绍微处理器的基本架构和程序处理，接着介绍 Cortex-M4 处理器内核结构和存储系统的主要内容，最后介绍 Cortex-M4 的异常处理操作机制。

本章学习目的：
(1) 理解微处理器的基本架构和数据处理的基本原理；
(2) 掌握 Cortex-M4 处理器的基本结构；
(3) 理解并掌握寄存器与存储器之间的访问操作和异常处理机制。

2.1　微处理器的基本架构

2.1.1　运算器

运算器能够进行数据运算，如二进制数的算术运算、移位运算和逻辑运算等。由于每次处理只执行一个运算器，因此可以将多个运算器组合在一起，通过使能信号来选择一个运算器工作并输出运算结果，如图 2-1 所示。这样的电路称为算术逻辑单元(ALU)，其典型符号如图 2-2 所示。ALU 有两个运算数据输入端，一个是运算结果输出端，另一个是运算类型控制端。

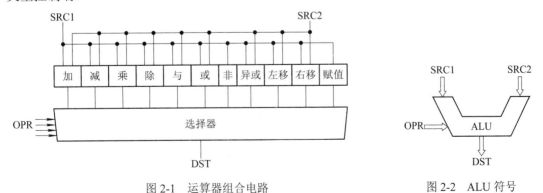

图 2-1　运算器组合电路　　　　　　　　　图 2-2　ALU 符号

运算的数据来源可以是本地保存的数据，如图 2-3 所示，也可以是外部输入的数据，如图 2-4 所示。运算结果可以保存在本地，也可以输出到外部。

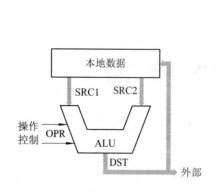

图 2-3　只有本地数据源的结构

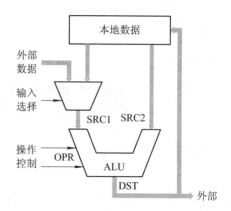

图 2-4　含有外部数据源的结构

例如，有一个 8 位 ALU，内含加、减两种运算，如图 2-5 所示，当 OPR 为 1 时将减法运算结果输出至 DST，当 OPR 为 0 时将加法运算结果输出至 DST。假设此时 SRC1 和 SRC2 两端的数据分别为 0x10 和 0x4，下面分析在不同 OPR 取值时的运算流图。

(1) OPR=0：将加法运算结果 0x14 输出至 DST，DST 上的数据为 0x14，如图 2-6 所示。

(2) OPR=1：将减法运算结果 0xC 输出至 DST，DST 上的数据为 0xC，如图 2-7 所示。

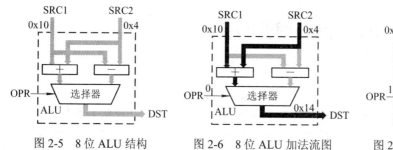

图 2-5　8 位 ALU 结构　　　　图 2-6　8 位 ALU 加法流图　　　　图 2-7　8 位 ALU 减法流图

2.1.2　寄存器组

待处理数据如何被保存？处理结果如何被保存？二进制电路采用寄存器这一器件来保存数据的电平。N 位二进制数可以采用 N 位寄存器进行保存。

寄存器包括锁存使能线(LE)、N 位输入数据线(D)和 N 位输出数据线(Q)，如图 2-8 所示。寄存器用于保存数据，D 是待存储数据，Q 是已存储数据。仅当 LE 有效时，D 才被锁存为 Q 作为输出。通常 LE 的有效时长非常短。

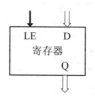

图 2-8　寄存器

多个寄存器可构成寄存器组，它们的输入线可以并接在一起，由外部信号 LS 指定哪个寄存器进行锁存，然后通过译码器产生相应寄存器的锁存信号，从而使该寄存器保存输入线 D 上的数据。可以采用选择器从多个寄存器的输出中选出一组作为输出，如图 2-9 所示，其中外部选择信号 OS_A 和 OS_B 分别用于控制两个选择器的输出 Q_A 和 Q_B。

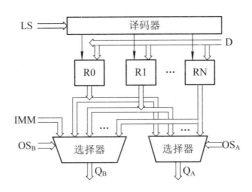

图 2-9　寄存器组输入/输出电路

假如某寄存器组由 4 个 8 位寄存器构成，有两组输出线 Q_A、Q_B 和一组输入总线 D，如图 2-10 所示。此时 R0、R1、R2、R3 保存的数据分别为 0x23、0xFF、0x89、0x00，D 上数据为 0x4C。对于任何一个寄存器 Ri，仅当 LS=i 时才将 D 上的数据锁存到本寄存器；仅当 OS_A=i 时才将本寄存器的数据输出到 Q_A 线上；仅当 OS_B=i 时才将本寄存器数据输出到 Q_B 线上。

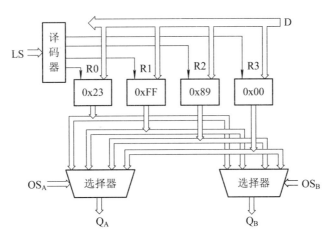

图 2-10　4×8 位寄存器组

下面分析在不同的 LS、OS_A 和 OS_B 取值时的操作结果。

(1) LS = 4, OS_A = 0, OS_B = 2。

LS 为 4 表明所有寄存器不锁存数据，这是因为寄存器序号仅到 3；

OS_A = 0 表明选择 R0 的数据 0x23 输出到 Q_A 上；

OS_B = 2 表明选择 R2 的数据 0x89 输出到 Q_B 上；

操作结果如图 2-11 所示。

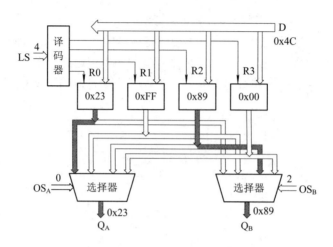

图 2-11　寄存器操作示例结果(1)

(2)　LS = 1, $OS_A = 4$, $OS_B = 4$。

LS 为 1 表明寄存器 R1 锁存数据，故 R1 内的数据更新为 0x4C；

$OS_A = 4$ 表明无寄存器值被选择输出到 Q_A；

$OS_B = 4$ 表明无寄存器值被选择输出到 Q_B；

操作结果如图 2-12 所示。

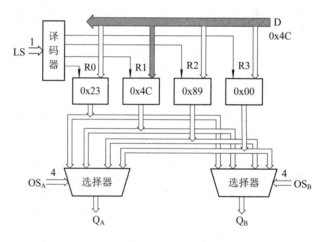

图 2-12　寄存器操作示例结果(2)

2.1.3　处理电路

处理电路是由 ALU、寄存器组、内部通道控制和连接信号线等构成的。其中，寄存器组提供一组输入线和两组输出线，一组输入线连接内部通道控制选择器，两组输出线分别连接 ALU 的源操作数线，从而构成如图 2-13 所示的处理电路。该处理电路中，通过控制 OPR、LS、OS_A 和 OS_B 信号，即可完成运算器的源操作数选取以及运算结果、寄存器值、立即数 IMM 的保存。算术运算中会产生借位、溢出、正负、零值等信息，为此设置了处理状态寄存器(PSR)，用 CF、OV、SF 和 ZF 来进行标识和保存。

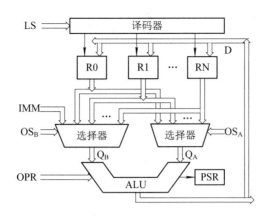

图 2-13　处理电路

图 2-14～图 2-17 分别描述了将立即数赋值给寄存器、将寄存器的值赋给寄存器、将两个寄存器的运算结果保存在寄存器中、将寄存器与立即数的运算结果保存在寄存器中这四种操作的数据通道流图。其中，前两种操作称为赋值，后两种操作称为运算。

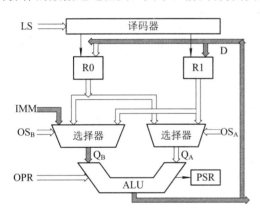

图 2-14　将立即数赋值给寄存器

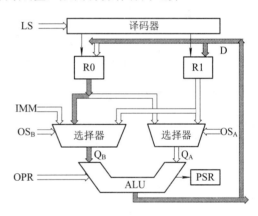

图 2-15　将寄存器的值赋给寄存器

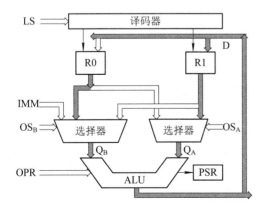

图 2-16　将两个寄存器的运算结果
保存在寄存器中

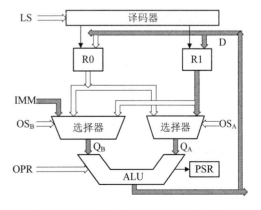

图 2-17　将立即数与寄存器的运算结果
保存在寄存器中

例如，某处理电路由 1 个 8 位 ALU 和 4 个 8 位寄存器构成，如图 2-18 所示。

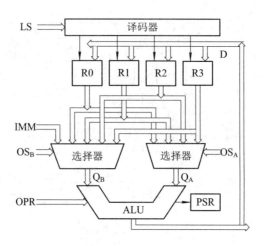

图 2-18　处理电路

表 2-1 给出了该电路 6 类 17 线控制信号值的功能描述。表中，—表示无关值，功能栏采用符号描述，Rx 为寄存器，#为立即数，←为数据传输符(其箭头指向目的存储，箭尾是源数据及运算表达式)。

表 2-1　控制线信号值功能表

| 序号 | OPR | | LS | | OS_A | | OS_B | | | IMM | 功能 |
	1	0	1	0	1	0	2	1	0	7～0	
1	0	1	1	1	0	1	0	0	0	—	R3←R1+R0
2	1	0	1	0	1	0	1	0	0	N	R2←R3−#N
3	0	0	0	1	—	—	1	0	0	M	R1←#M
4	0	0	1	0	0	1	—	—	—	—	R2←R1
5	0	1	0	0	0	0	1	0	0	N	R0←R0+#N
6	1	0	0	1	0	1	0	1	0	—	R1←R1−R2

2.1.4　控制指令

通过改变处理电路中的信号取值可以实现不同的功能，将这些信号取值按序排列构成的二进制数称为一条操作指令。

4 个寄存器的锁存和输出信号每次只允许一个有效，因此需要采用 2 位(比特)来表示所允许的寄存器，这 2 位(比特)称为操作数码。

操作类型可分为 6 类，即立即数赋值、寄存器赋值、寄存器与立即数相加、寄存器与寄存器相加、寄存器与立即数相减、寄存器与寄存器相减。操作类型采用 3 位(比特)来表示，即 000、001、010、011、100、101，也称为操作类型码。

为了进一步减少操作指令的位数，通常进行如下规定：

(1) 运算操作采用两个寄存器，其中保存结果的寄存器称为目标操作数，另一个寄存器称为源操作数。运算操作数据通道使目标操作数和源操作数的运算结果保存在目标操作数中。

(2) 对立即数的位数进行必要的缩减，立即数只用于赋值，而不用于计算。

按照这两个思路，对图 2-18 所示的处理电路可以采用表 2-2 所示的编码方案进行指令编码，相应的电路结构如图 2-19 所示。由于这种压缩不能直接从数中提取操作类型码和操作数码，因此加入一个指令译码器，用于从二进制数中提取出操作数码和操作类型码。

表 2-2　处理电路的编码方案

序号	指令码(IC)								功能	OPR		LS		OS_A		OS_B			IMM
	7	6	5	4	3	2	1	0		1	0	1	0	1	0	2	1	0	3~0
1	0	0	Rd		imm				Rd←#imm	0	0	d	—	—		1	0	0	imm
2	0	1	0	0	Rd		Rn		Rd←Rn	0	0	d	—	—			n		—
3	1	0	0	0	Rd		Rn		Rd←Rd+Rn	0	1	d		d			n		—
4	1	0	0	1	Rd		Rn		Rd←Rd−Rn	1	0	d		d			n		—

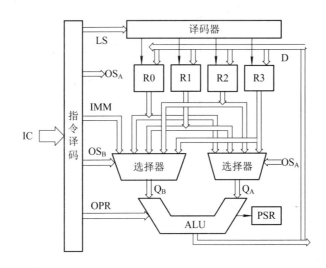

图 2-19　指令码控制处理电路结构

由此可见，通过编码可以减少指令代码的位数。由于位数减少，因此会使一些操作受到必要的限制，进而使原来一步可以实现的操作变为多步实现。例如，R0←R1+#N 就需要分成两条指令来实现：R0←#N，R0←R0+R1。

表示指令的二进制数其本身数值是没有意义的，数的不同位代表不同的信息。处理电路仅能识别二进制数表示的指令，因此也称二进制指令为机器指令。

对于使用者来说，机器码不易读，不易记，不易用，所以采用助记符来描述指令，称为汇编指令。汇编指令通过专用工具生成对应的机器指令。采用助记符的汇编指令语法格式如下：

<op> <dst>, <src1>,…, <srcM>

其中，<op>表示指令操作助记符；<dst>表示目标操作数；<src1>,…,<srcM>表示 M 个源操作数。

不同处理电路采用不同的指令，处理电路与指令是互相适配的。上述示例中的目标操作数也作为源操作数使用，其汇编指令语法如表 2-3 所示。

表 2-3 汇编指令语法

序号	指令码(IC)								功　能	汇　编	操作类型
	7	6	5	4	3	2	1	0			
1	0	0	Rd		imm				Rd←#imm	MV Rd, #imm	赋值
2	0	1	0	0	Rd		Rn		Rd←Rn	MV Rd, Rn	
3	1	0	0	0	Rd		Rn		Rd←Rd+Rn	AD Rd, Rn	运算
4	1	0	0	1	Rd		Rn		Rd←Rd−Rn	SB Rd, Rn	

为了方便描述，将整个电路简化成如图 2-20 所示的结构，其主要部件是指令译码器、逻辑控制单元、寄存器组和 ALU，其基本指令格式如下：

<op> <dst>, <src1>, <src2>

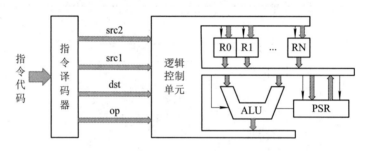

图 2-20　处理电路简化结构

2.1.5　数据存储

电路运算中需要处理大量的数据，信息处理需要大量的指令。不论是需处理的数据，还是处理指令，都是二进制数，都需要采用寄存器来保存。

将多个寄存器并联在一起可以用于保存大量数据，并通过控制每个寄存器单元的锁存使能或输出使能进行写入或读取操作。由于每个寄存器都需要在指令中指明，寄存器的数量越多，所需要的指令位数就越多，从而使指令代码过长；而操作类型并不会因为寄存器数量的增多而增加，所以增加指令长度但不增加指令类型是一种浪费。

如何组织寄存器才能实现既可以访问大量数据，又不增加代码长度呢？可以通过以时间换空间的思路来解决。

将用来保存数据的寄存器按顺序排列并连接在一起构成存储器，如图 2-21 所示。图中的 OEᵢ 信号是寄存器 i 的输出使能信号，只有当该信号有效时寄存器的值才输出。

存储器内部的寄存器称为存储单元，这些存储单元被统一编址。

存储器有三个信号端口，即地址端 A、控制端 C 和数据端 D。地址端的信号线用于输入信号；控制端的信号线包含读使能(nRD，低电平有效)和写使能(nWR，低电平有效)，大多用于输入信号；数据端的信号线是双向的，读时为输出信号线，写时为输入信号线。

通常把多条具有统一功能的信号线称为总线，因此，地址端、数据端和控制端的信号线也分别称为地址总线、数据总线和控制总线。

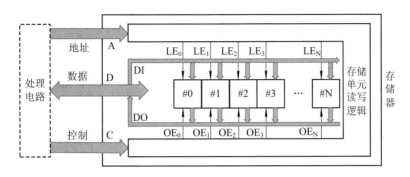

图 2-21　存储器结构图

处理电路读写数据是通过产生地址信号、控制信号并输入或输出数据信号实现的，图 2-22 是典型的存储器读写操作波形示意图。如图 2-22 所示，处理电路输出地址 n 到存储器的 A 端以选中相应的#n 存储单元,同时通过输出控制信号到存储器的 C 端以决定读写操作。存储器的 D 端是双向的，根据控制信号中的读写信号来决定当前数据传输的方向。读操作时，数据从#n 存储单元输出到 DO，处理电路从存储器的 D 端可以获得数据；写操作时，处理电路把数据输出到存储器的 D 端，数据从 DI 被锁存到#n 存储单元。

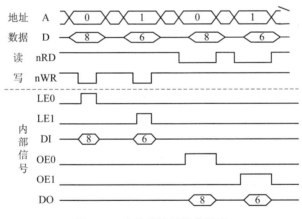

图 2-22　存储器读写操作波形

在处理电路中，产生存储单元的地址是通过 ALU 计算出来的。存储单元地址由一个寄存器与另一个寄存器或常数相加得到。利用这种方法可以保证指令格式不受存储单元数量的影响，存储单元数量取决于寄存器的位数。

在处理电路中，产生读写存储器的信号时序的电路称为总线接口单元。包含总线接口单元的处理电路如图 2-23 所示。图中，处理电路执行访问存储器指令时，逻辑控制单元将计算后的地址、数据和控制代码发送给总线接口单元，总线接口单元负责按照规定的时间顺序输出地址、控制信号，同时输出待写数据或输入待读数据，并向逻辑控制单元发送完成信号。

存储单元可由地址指明，描述为[地址]。处理电路在访问存储器时，将地址保存在寄存器中，由 ALU 计算出地址并送至总线接口单元。以 Rn 值为地址的存储单元表示为[Rn]，以 Rn 值+4 为地址的存储单元表示为[Rn,#4]，以 Rn 值和 Rm 值之和为地址的存储单元表示为[Rn, Rm]。

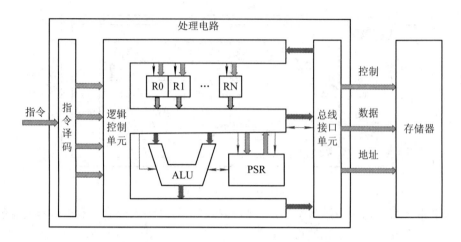

图 2-23　含有总线接口单元的处理电路

读操作可描述为 Rd←[Rn,Rm]，即从地址为 Rn+Rm 的存储单元读取数据至寄存器 Rd 中。

写操作可描述为[Rn,Rm]←Rd，即将寄存器 Rd 中的数写到地址为 Rn+Rm 的存储单元中。

图 2-24 是两个存储单元读写操作的示意图，图 2-25 是两次读写操作的端口波形图。

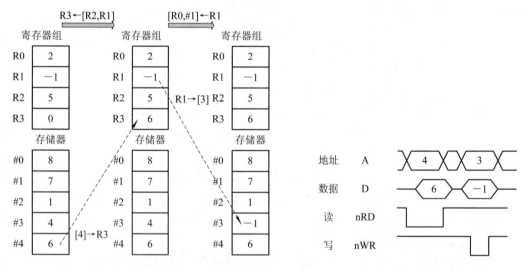

图 2-24　存储单元读写操作示意图　　　　　图 2-25　存储单元读写波形

处理电路以字节作为一个基本的存储单元对存储器空间进行编址，因此存储器可以看作一张按地址顺序排列的字节表。处理电路可以把两个相邻地址的字节组成 16 位数，把 4 个相邻地址的字节组成 32 位数。多字节组合的数有两种取值模式：低地址的字节是低字节的称为小端模式，低地址的字节是高字节的称为大端模式。大端是指高字节保存在低地址字节存储单元。本书所描述的存储系统都采用小端模式。比如，处理电路访问地址为 0x12 的 32 位数，那么这个数是由地址 0x12、0x13、0x14 和 0x15 4 数字节分别作为最低字节、次低字节、次高字节和最高字节而构成的。图 2-26 是从存储器读取单字节、双字节和四字节数据的示意图。

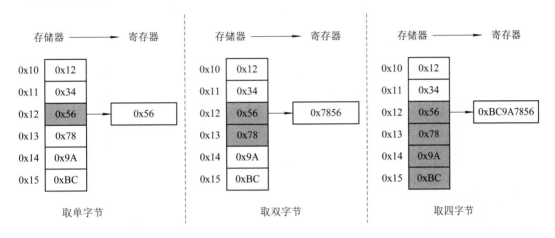

图 2-26　从存储器读取不同字节数据

从存储应用的角度来看，存储器有两大类：只读存储器(ROM)和随机访问存储器(RAM)。对于常规的处理器操作，ROM 只能读取，主要用于保存程序代码和初始化数据；RAM 可读可写，主要用于保存程序运行中的临时数据，也可以存储临时运行的程序代码。一旦掉电，ROM 中的数据不会丢失，而 RAM 中的数据则会丢失。因此，处理器加电后首先访问 ROM 并运行启动代码。

ROM 不支持处理电路的直接写访问，写数据需要专用的工具。ROM 只需要提供允许读操作的信号 nRD，通常用 nOE(输出使能)来替代描述。ROM 一次读取即可直接获得最大位数(数据线数)的数据。例如 16 位数据线的 ROM，每次读取都是 16 位。

RAM 不仅允许读写操作，还允许对每个字节进行操作，读操作时一次读取 32 位，写操作时必须指明对哪些字节的数据进行更新。

2.1.6　处理器结构

处理电路实现一个具体的功能需要按一定顺序执行多条指令。将这些指令按照顺序排列起来就构成了程序代码。程序代码需要预先放在指令存储空间中，处理电路按顺序逐条读取并执行。每条指令代码由若干字节构成，因此，每条指令的首字节所在的存储地址视为该指令的地址。处理电路需要专用部件来执行读取指令，进行存储器读操作。

寄存器组有一个专用的程序计数器(PC)，其值为当前要读取的指令的地址。当需要执行某地址的指令时，只需要将该地址写入 PC 即可。正常情况下，每次读取指令结束后，PC 自动递增至下一条指令的地址。

由指令寄存器、指令译码器、逻辑控制单元、递增器等部件构成的控制单元如图 2-27 所示。控制单元的主要功能是控制指令读取、保存指令、翻译指令和执行指令等。

存储器与用户所需要的指令数量和数据数量有关，其他部件都用于处理操作。综上所述，整个处理架构可分为两个部件：一个是与处理数据和控制流程相关的中央处理器(CPU)，另一个是用于保存指令和数据的存储器。

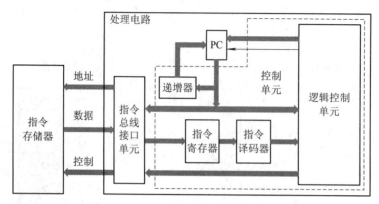

图 2-27　控制单元结构

CPU 由运算单元、寄存器组、控制单元以及总线接口单元构成，如图 2-28 所示。其中，总线接口单元的主要功能是完成处理器与存储器之间的访问操作控制。

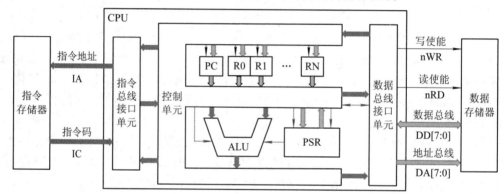

图 2-28　CPU 内部结构

将 CPU 所包括的所有单元都集成在一个芯片上便构成了微处理器(MPU)。

通常将 MPU 一次能处理的二进制数的位数称为字长，寄存器组中的寄存器位数和总线中的数据宽度通常等于字长。字长总是 8 的整数倍。字长为 8、16、32 的处理器分别称为 8 位、16 位和 32 位处理器。一个字长的数据称为一个字，对于 8 位处理器，一个字为 8 位，即 1 字节；对于 16 位处理器，一个字为 16 位，半个字为 8 位；对于 32 位处理器，一个字为 32 位，半个字为 16 位。

2.1.7　存储结构

微处理器可以采用不同的存储结构，即指令和数据的存储及访问方式不同。

目前常用的三种存储结构为：哈佛结构、冯·诺依曼结构和缓存混合结构。

1. 哈佛结构

哈佛结构中，指令存储器与数据存储器有各自的总线接口单元，处理器可以并行访问指令和数据存储器。如图 2-29 所示，两个总线独立操作，运算速度快，但这种具有两套存储设备及总线接口单元的结构成本较高。

因此，指令存储器和数据存储器可以是两套独立的存储器，也可以通过总线复用器共享一套能够快速访问的存储器，如图 2-30 所示。

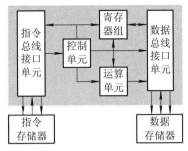

图 2-29　哈佛结构

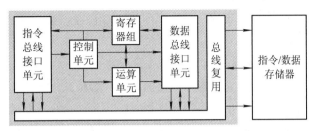

图 2-30　总线复用的哈佛结构

2. 冯·诺依曼结构

冯·诺依曼结构中，指令存储器和数据存储器共用一个总线接口单元，处理器只能串行访问存储器，如图 2-31 所示。这种结构下，指令与数据共享一个总线接口单元和存储器，可以节约成本。但由于总线访问操作只能是一种，要么访问指令存储空间，要么访问数据存储空间，相当于所有操作在总线上分时使用，所以运算速度较慢。

3. 缓存混合结构

将哈佛结构和冯·诺依曼两种结构通过缓存机制有机结合，就是缓存混合结构，如图 2-32 所示。对于指令控制和数据处理来说，因为两条总线分别对两个独立的缓存进行访问，所以它是哈佛结构；从数据和指令的存储空间来看，缓存中的指令和数据都是从一个共同的存储器中读取，两者是共享存储器的。因此，该结构既节约了存储器，又加快了指令访问速度。

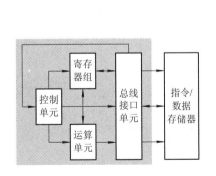

图 2-31　冯·诺依曼结构

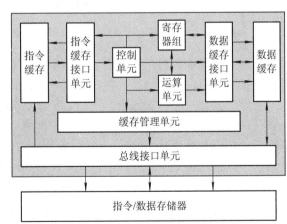

图 2-32　缓存混合结构

2.2　数据处理

2.2.1　指令

微处理器支持的指令通常有四类：传输指令、运算指令、转移指令、特殊指令。

1. 传输指令

传输指令给某存储空间或寄存器赋值，其值的来源是立即数、寄存器或存储空间。

赋值操作主要包括：立即数→寄存器，寄存器→寄存器，寄存器→存储器，存储器→寄存器。

2. 运算指令

运算指令完成两个数值的运算，数值来源是立即数或寄存器，有的来自存储空间。

运算操作主要包括算术运算(加、减、乘、除、取反)、逻辑运算(与、或、非、异或)、比较运算(>、<、=、≥、≤、≠)、移位运算(左移<<、右移>>)。

3. 转移指令

转移指令通过指令改变 PC 的值，使处理器不执行后续一条指令，而是改为执行指定地址的指令。

转移操作主要包括无条件转移、条件转移、调用。

无条件转移是指直接更新 PC 为新值。

条件转移是先根据当前处理器状态判定条件是否成立，成立则更新 PC 为新值，否则保持原值不变。

调用是一种特殊的程序执行方式，是指转移处理结束后程序处理器还可以回到转移前的位置继续执行后续指令。通常处理器在转移之前会把后续指令的地址保存起来，转移处理完成后通过该地址返回。

4. 特殊指令

特殊指令主要用于处理器本身部件的控制，如流程启动、空执行、中断等功能。

2.2.2 程序

利用某些指令，根据功能需要，将序列指令按一定顺序组织在一起，就构成了程序。把这些指令代码按照顺序排列在一起构成的代码流，就是程序代码。

程序代码存放在存储器中，代码对于存储器来说就是二进制数。只要处理器的 PC 值为该代码存储区的首个存储单元的地址，处理器就会自动执行该程序。

启动程序存储在 ROM 中，处理器在加电后通常自动对 PC 赋默认值——启动代码存储首地址，从而保证加电后处理器自动执行启动程序。

程序通常可以采用流程图来描述其操作过程，每个操作对应着至少一条指令。流程图是功能处理的思路和步骤的图形化描述，绘制流程图是程序设计的重要环节。

在程序设计中，有一些处理程序会被反复使用或者可共用，通常将这些处理程序用子程序(函数)结构来表示，那么使用这个处理程序的其他程序则采用调用方式。

图2-33所示是一个求累加 $s = 1 + 2 + \cdots + n$ 的程序。程序代码保存在地址范围为0x10~0x28的存储空间，n 值保存在地址为0x200的存储单元，s 值保存在地址为0x400的存储单元。

假定存储单元[0x200]已经保存了值2，即n=2，求累加后 s=3。下面采用列表法来描述程序执行过程，即"取指→译码→执行"的每步取值情况，取指地址是前一指令执行结果中的 PC 值。这种列表法虽然看起来麻烦，但对于初学者非常有用，有利于读者理解程序执行的过程。

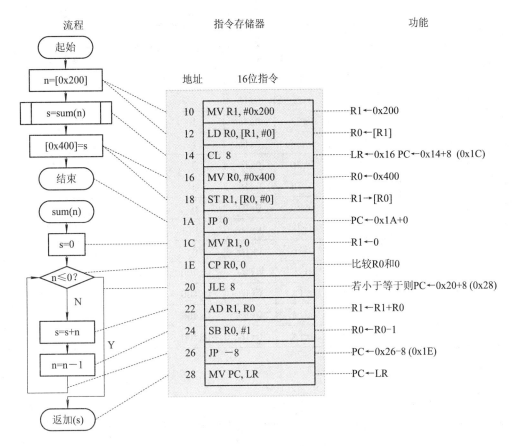

图 2-33 累加程序设计

表 2-4 是用列表法描述的上述程序执行的过程，其中 PSR.ZF 是处理器状态寄存器的零值标志位。执行运算指令时，结果为 0 则置为 1，不为零则置为 0，非运算指令不影响该位。

表 2-4　程序执行列表法描述

取指	译　码	执　行						
		寄存器组					数据存储器	
地址	指令	PSR.ZF	PC	LR	R0	R1	[0x200]	[0x400]
—	—	—	0x10	—	—	—	2	0
0x10	MV R1, #0x200	0	0x12	0	0	0x200	2	0
0x12	LD R0, [R1, #0]	0	0x14	0	2	0x200	2	0
0x14	CL #8	0	0x1C	0x16	2	0x200	2	0
0x1C	MV R1, #0	0	0x1E	0x16	2	0	2	0
0x1E	CP R0, #0	0	0x20	0x16	2	0	2	0
0x20	JLE #8	0	0x22	0x16	2	0	2	0
0x22	AD R1, R0	0	0x24	0x16	2	2	2	0
0x24	SB R0, #1	0	0x26	0x16	1	2	2	0
0x26	JP #−8	0	0x1E	0x16	1	2	2	0

取指	译码	执行						
地址	指令	寄存器组					数据存储器	
		PSR.ZF	PC	LR	R0	R1	[0x200]	[0x400]
0x1E	CP R0, #0	0	0x20	0x16	1	2	2	0
0x20	JLE #8	0	0x22	0x16	1	2	2	0
0x22	AD R1, R0	0	0x24	0x16	1	3	2	0
0x24	SB R0, #1	1	0x26	0x16	0	3	2	0
0x26	JP #−8	1	0x1E	0x16	0	3	2	0
0x1E	CP R0, #0	1	0x20	0x16	0	3	2	0
0x20	JLE #8	1	0x28	0x16	0	3	2	0
0x28	MV PC, LR	1	0x16	0x16	0	3	2	0
0x16	MV R0, #0x400	1	0x18	0x16	0x400	3	2	0
0x18	ST R1, [R0, #0]	1	0x1A	0x16	0x400	3	2	3
0x1A	JP #0	1	0x1A	0x16	0x400	3	2	3
0x1A	JP #0	1	0x1A	0x16	0x400	3	2	3

2.2.3 异常处理机制

在程序运行中，处理器内部出现数据运算出错、总线访问出错或指令无效等非正常事件，或者处理器外部突发特殊事件，这些事件统称为异常。如果发生异常，那么处理器必须暂停当前程序的执行，转向处理这个异常，等异常处理完成后再继续执行已经暂停的程序。

处理器在响应异常时，暂停后续指令的执行，同时要将这条指令的地址保存起来。保存方式通常有两种：一种是保存在一个指定寄存器中，另一种是保存在存储器中。当执行完异常服务程序后，从保存地取出所暂停的指令地址，使处理器重新回到原程序中继续执行操作。

通常把处理器内部操作所产生的异常称为系统异常，把处理器外部设备产生的异常称为中断。用于处理异常的程序称为异常服务程序，包括系统异常服务程序和中断服务程序(ISR)。

为了方便响应异常时处理器可以快速找到其相应的异常服务程序，通常对异常进行编号，并将所有异常服务程序的首地址按照编号顺序保存在某特定存储区内，相当于构成一个表格，称为异常向量表。

当响应异常时，处理器先保存重要的寄存器，再根据异常编号从异常向量表中取出异常服务程序的首地址，然后从异常服务程序首地址处读取指令，开始执行异常服务程序。当异常服务程序执行结束时，再将保存的寄存器的值取出并恢复至相应的寄存器中，处理器从返回地址处读取指令，继续执行被暂停的指令。

图 2-34 是一个异常处理的示例。异常向量表保存在地址为 0x00 的存储空间，地址为 0x00 的双字节保存 0 号异常服务程序的入口地址，地址为 0x02 的双字节保存 1 号异常服务程序的入口地址。图 2-34(a)是处理器正在执行地址 0x1E 的指令时产生 1 号异常时的寄

存器值。执行完当前指令后,处理器先将寄存器 LR 和 PSR 值保存在临时寄存器 tLR 和 tPSR 中, 再将返回地址(后续指令的地址)0x20 保存在寄存器 LR 中, 对 PSR 清零, 然后根据异常编号 1 读取保存在地址 0x02 处的异常服务程序入口地址 0x02A 并赋给 PC, 从而处理器开始执行异常服务程序, 如图 2-34(b)所示。假定异常服务程序不做任何处理, 即只有一条异常返回指令 IRT。当处理器执行 IRT 时, 处理器将保存在临时寄存器 tLR 和 tPSR 的值拷贝至 LR 和 PSR 中, 并将 LR 值 0x20 赋给 PC, 如图 2-34(c)所示。接下来处理器便从 0x20 处读取指令, 继续执行异常前的程序, 如图 2-34(d)所示。

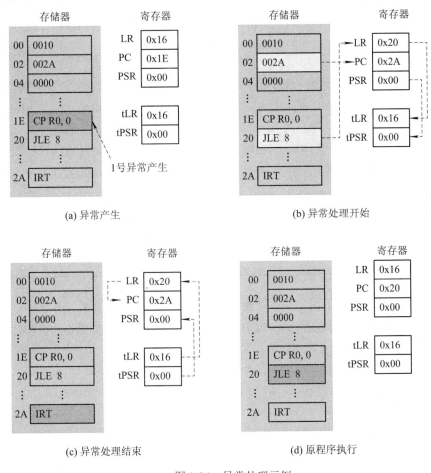

图 2-34   异常处理示例

2.3　Cortex-M4 处理器内核

Cortex-M4 处理器是目前嵌入式系统最为流行的处理器。它是 32 位 RISC(精简指令集)处理器,其内核采用哈佛总线架构,取指令和数据访问可以同时执行;内部含有 32 位寄存器组、内部数据通路和总线接口,可以高效地处理 8 位和 16 位数据,还支持涉及 64 位数据的多种运算(如乘和累加);工作在 Thumb 状态,采用 Thumb-2 指令体系。

2.3.1 寄存器组

寄存器组中有 16 个寄存器，其中 13 个为 32 位通用寄存器，其他 3 个则有特殊用途。

1. 通用寄存器 R0~R12

前 8 个寄存器(R0~R7)被称为低寄存器。由于指令中可用的空间有限，因此许多 16 位指令只能访问低寄存器。高寄存器(R8~R12)则可以用于 32 位指令和几个 16 位指令。

2. 栈指针 R13(SP)

栈指针 R13(SP)用于指明当前栈存储单元的地址，用于栈存储的访问。改变它的值既可以使用赋值或运算指令实现，也可以使用栈操作指令实现。另外，异常进入与返回时会自动改变值。

处理器有两个栈指针：主栈指针(MSP)和进程栈指针(PSP)。前者为默认的栈指针，后者为专用模式下使用的栈指针。栈指针的选择由特殊寄存器 CONTROL 决定。MSP 和 PSP 都是 32 位的，它们的最低两位总为 0，即栈操作的地址也必须对齐到 32 位的字边界上。PSP 的初始值未定义，而 MSP 的初始值则需要在复位流程中由处理器自动从存储器中加载。

3. 链接寄存器 R14(LR)

链接寄存器 R14(LR)用于执行函数或调用子程序时保存返回地址。当执行了函数或调用子程序后，LR 值会自动更新。在进行异常处理时，LR 也会被自动更新为特殊的 EXC_RETURN(异常返回)值。当该寄存器的值无用时，该寄存器也可以作为通用寄存器参与数据运算。

4. 程序计数器 R15(PC)

程序计数器 R15(PC)用于保存即将读取的指令地址。读操作返回当前指令地址加 4，写 PC 会引起跳转操作。由于指令必须对齐到半字或字地址，因此 PC 的最低位(LSB)为 0。在使用一些跳转/读存储器指令更新 PC 时，需要将新 PC 值的 LSB 置 1 以表示 Thumb 状态，否则就会由于试图使用不支持的 ARM 指令而触发异常。

2.3.2 指令执行

Cortex-M4 处理器采用 Thumb-2 指令集，允许 16 位和 32 位指令混合使用，以获取更高的代码密度和效率，执行复杂运算时可以使用较少的指令。处理器每次取的指令都是 32 位的，而多数指令则是 16 位的，因此一次可以取两条指令，从而实现更高的性能和更低的能耗。

指令执行时采用三级流水线方式，即取指、译码和执行三个部件同时工作。三级流水线使得包括乘法在内的多数指令可以在单周期内执行，同时允许运行较高的频率下。如图 2-35 所示，在第一个时钟周期内，读取地址为 m 的指令 1；在第二个时钟周期内，译码指令 1，读取地址为 m+2 的指令 2；在第三个时钟周期内，执行指令 1，译码指令 2，读取地址为 m+4 的指令 3；在第四个时钟周期内，执行指令 2，译码指令 3，读取地址为 m+6 的指令 4；以此类推。由此可以看出，在执行地址为 m 的指令时，PC 值为 m+4，所以 PC 值总是当前正在执行的指令地址+4。

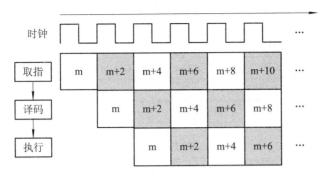

图 2-35　三级流水线工作示意图

2.3.3　处理操作

Cortex-M4 处理器有两种操作状态：一是调试状态，即当处理器被暂停后就会进入调试状态并停止指令执行；二是 Thumb 状态，即处理器在执行程序代码。

Cortex-M4 处理器有两种访问等级：一是特权访问等级，即处理器可以访问所有资源；二是非特权访问等级，即有些存储器区域不能被访问，有些操作也无法执行。

Cortex-M4 处理器有两种操作模式：一是处理模式，即执行异常处理，处理器总是具有特权访问等级；二是线程模式，即在执行普通的应用程序代码时，两种访问等级任选其一，具体的访问等级由特殊寄存器决定。

处理器在启动后默认处于特权访问等级线程模式以及 Thumb 状态。软件可以将处理器从特权访问等级线程模式切换到非特权访问等级线程模式，但无法将自身从非特权访问等级模式切换到特权访问等级模式，若非要进行这种切换，处理器必须借助异常机制来实现。图 2-36 是操作状态和模式以及相互转换示意图。

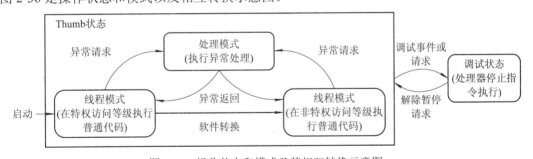

图 2-36　操作状态和模式及其相互转换示意图

2.3.4　特殊寄存器

除了寄存器组中的寄存器外，处理器中还存在多个特殊寄存器，它们用来表示处理器状态，定义操作状态和中断/异常屏蔽。

1. 程序状态寄存器

程序状态寄存器包括以下三个状态寄存器：应用寄存器 PSR(APSR)、执行寄存器 PSR(EPSR)和中断寄存器 PSR(IPSR)

这三个寄存器(见图2-37)可以通过一个组合寄存器访问,该寄存器也被称作 xPSR。IPSR

为只读寄存器，可以从组合寄存器 PSR(xPSR)中读出。

	31	30	29	28	27	26,25	24	23～20	19～16	15～10	9	8～0
APSR	N	Z	C	V	Q				GE[3:0]			
IPSR												异常编号
EPSR						ICI/IT	T		ICI/IT			

图 2-37   APSR、IPSR 和 EPSR

图 2-37 中，N 为负数标志，Z 为零值标志，C 为进位标志，V 为溢出标志，Q 为饱和标志，GE[3:0]为大于或等于标志(每个字节通路)，ICI/IT 为中断继续指令(ICI)位和 IF-THEN 指令状态位(用于条件执行)，T 表示 Thumb 状态(总为 1)，异常编号为处理器正在处理的异常。

2. PRIMASK、FAULTMASK 和 BASEPRI 寄存器

PRIMASK、FAULTMASK 和 BASEPRI 寄存器都用于异常屏蔽。每个异常都具有一个优先等级，数值小的优先级高。这些特殊寄存器基于优先等级进行异常屏蔽，如表 2-5 所示。只有在特权访问等级才可以对它们进行操作，在非特权状态下写操作无作用，读值全为 0。

表 2-5   异常屏蔽寄存器

名 字	功 能 描 述
PRIMASK	单比特寄存器。置 1 后，只有 NMI 和 HardFault 才响应。它的缺省值是 0，表示没有屏蔽
FAULTMASK	单比特寄存器。当它置 1 时，只有 NMI 才能响应。它的缺省值也是 0，表示没有屏蔽
BASEPRI	被屏蔽优先级的阈值，最多有 9 位(由表达优先级的位数决定)。被设成某个值后，所有优先级号大于等于此值的异常都被屏蔽(优先级号越大，优先级越低)。若设成 0，则没有屏蔽任何异常，0 也是缺省值

3. CONTROL 寄存器

CONTROL 寄存器有三个控制位：nRIV、SPSEL、FPCA。

nRIV 定义线程模式中的特权等级，为 0 时(默认)处理器处于线程模式中的特权等级，为 1 时处于线程模式中的非特权等级。

SPSEL 定义栈指针的选择，为 0 时(默认)线程模式使用主栈指针(MSP)，为 1 时线程模式使用进程栈指针。在处理模式时该位始终为 0 且对其进行的写操作会被忽略。

FPCA 表示浮点环境是否被激活，只存在于具有浮点单元的 Cortex-M4 中。

图 2-38 给出了特权和非特权线程模式之间的转换。

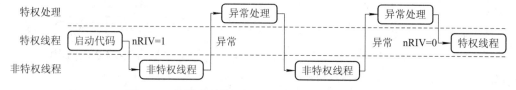

图 2-38   特权线程模式和非特权线程模式间的切换

由图 2-38 可知，当复位后，处理器处于线程模式、具有特权访问权限并使用主栈指针。特权线程模式的程序可以通过写寄存器来切换栈指针或进入非特权访问等级。当 nRIV 置位后，运行在线程模式的程序就不能访问该寄存器。若将处理器在线程模式切换回特权访问等级，则需要使用异常机制。在异常处理期间，清除 nRIV 位，再返回到线程模式后，处理器就进入特权访问等级。

通常，简单应用不需要运行在非特权线程模式。

2.4　Cortex-M4 存储系统

Cortex-M4 处理器采用基于高级微控制器总线架构(Advanced Microcontroller Bus Architecture，AMBA)的总线接口，总线接口为 32 位宽，使用 32 位寻址的存储系统，地址空间最大为 4 GB。存储器空间包括程序代码、数据、外设以及处理器内的调试支持部件。

2.4.1　存储器空间映射

存储器空间是统一的，指令和数据共用相同的地址空间。存储器空间在架构上被划分为如表 2-6 所示的多个存储器区域。程序不允许在外设、设备和系统存储器区域中执行。

表 2-6　Cortex-M4 存储器空间区域表

序号	区域	地址范围	空间	功　　能
1	代码	0x00000000～0x1FFFFFFF	512 MB	程序代码，包括作为程序存储器一部分的默认向量表，该区域也允许数据访问
2	SRAM	0x20000000～0x3FFFFFFF	512 MB	片上 SRAM，保存可读写数据，也可以在该区域中执行程序代码。第一个 1 MB 可进行位寻址
3	外设	0x40000000～0x5FFFFFFF	512 MB	片上外设，第一个 1 MB 可进行位寻址
4	RAM	0x60000000～0x9FFFFFFF	1 GB	片外存储器，可存储程序代码和数据
5	设备	0xA0000000～0xDFFFFFFF	1 GB	片外外设
6	系统	0xE0000000～0xFFFFFFFF	512 MB	片上系统设备

2.4.2　总线访问

处理器通过总线访问存储设备。32 位的数据总线与所访问的存储单元之间有固定的对应关系，即数据总线的 D31～D24、D23～D16、D15～D8、D7～D0 分别对应地址为 4n+3、4n+2、4n+1、4n 的存储字节单元[4n+3]、[4n+2]、[4n+1]、[4n]，这里 4n 代表 4 的倍数。

总线上可执行字访问、半字访问和字节访问，其数据在总线上的分布如表 2-7 所示。

表 2-7 存储数据在总线上的分布

地址	数据类型	数据 总 线			
		D31～D24	D23～D16	D15～D8	D7～D0
4n	字	[4n+3]	[4n+2]	[4n+1]	[4n]
4n	半字	—	—	[4n+1]	[4n]
4n	字节	—	—	—	[4n]
4n+1	字节	—	—	[4n+1]	—
4n+2	半字	[4n+3]	[4n+2]	—	—
4n+2	字节	-	[4n+2]	—	—
4n+3	字节	[4n+3]	—	—	—

处理器支持对齐与非对齐数据传输。对齐传输是指字访问地址为 4 的倍数，半字访问地址为偶数。非对齐传输是字访问地址不为 4 的倍数，半字访问地址为奇数。非对齐传输由处理器的总线接口单元根据地址自动判定是否分解为字对齐或字节访问，如果需要分解，那么多次访问结果由处理器的总线接口单元自动组合为一个完整的数据。

表 2-8 是对齐与非对齐传输时总线与处理器内部数据之间的对应关系。

表 2-8 对齐与非对齐传输时总线与处理器内部数据之间的对应关系

传输类型	地址	数据类型	处理器数据				存储器总线				总线操作
			B31～B24	B23～B16	B15～B8	B7～B0	B31～B24	B23～B16	B15～B8	B7～B0	
对齐传输	4n	字	[4n+3]	[4n+2]	[4n+1]	[4n]	[4n+3]	[4n+2]	[4n+1]	[4n]	1次
	4n	半字	0	0	[4n+1]	[4n]	—	—	[4n+1]	[4n]	
	4n+2	半字	0	0	[4n+3]	[4n+2]	[4n+3]	[4n+2]	—	—	
非对齐传输	4n+1	半字	0	0	[4n+2]	[4n+1]	—	—	[4n+1]	—	2次
							—	—	[4n+2]		
	4n+3	半字	0	0	[4n+4]	[4n+3]	[4n+3]	—	—	—	
							—	—	—	[4n+4]	
	4n+2	字	[4n+5]	[4n+4]	[4n+3]	[4n+2]	[4n+3]	[4n+2]	—	—	
							—	—	[4n+5]	[4n+4]	
	4n+1	字	[4n+4]	[4n+3]	[4n+2]	[4n+1]	—	—	[4n+1]	—	3次
							[4n+3]	[4n+2]	—	—	
							—	—	—	[4n+4]	
	4n+3	字	[4n+6]	[4n+5]	[4n+4]	[4n+3]	[4n+3]	—	—	—	
							—	—	[4n+5]	[4n+4]	
							—	[4n+6]	—	—	

2.4.3 栈存储

栈(STACK)是一种先进后出或后进先出的存储结构。保存数据时称为压栈(PUSH)或入栈，读取数据时称为弹栈(POP)或出栈。栈有栈底和栈顶，一旦分配栈空间后，栈底是保持不动的，入栈时栈顶上移，出栈时栈顶下移。初始时为空栈，栈顶与栈底重合。当栈顶达到分配空间的上限时，为满栈，再次入栈会导致不可知错误。如图 2-39 所示，空栈时，将 0，1，…，n−2，n−1 共 n 个数按顺序依次入栈，最后变为满栈；再出栈 n 个数，依次为 n−1，n−2，…，1，0 共 n 个数，最后变为空栈。

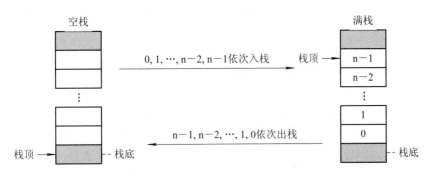

图 2-39 堆栈

处理器采用寄存器 SP 来保存栈顶的值，入栈或出栈时，SP 会自动改变值来指向新的数据存储单元。

处理器将系统主存储器用于栈空间操作，且使用压栈指令往栈中存储数据，使用弹栈指令从栈中提取数据。栈可用于在不同的处理之间交换数据、开辟临时数据空间以及为寄存器数值提供临时保护。

Cortex-M4 使用的栈模型被称作"满递减"，SP 指向上一次数据被存储在栈中的位置。处理器分配一定大小的字型存储空间供栈使用，最高地址字的后一个字的地址为栈底，同时为 SP 的初值。

每次压栈操作，处理器首先减小 SP 的值，即 SP←SP−4，然后将数据存储在 SP 指向的存储器位置；每次弹栈操作，处理器首先读取 SP 指向的存储器位置的数据，然后 SP 的数值会自动增大，即 SP←SP+4。

例如，要将寄存器 R0 的值压栈和弹栈至寄存器 R1，这两个操作的相关存储器和寄存器变化如图 2-40 所示。

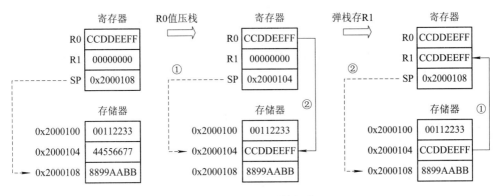

图 2-40 压栈和弹栈操作

2.4.4　位段操作

利用位段操作，一次加载/存储操作可以访问(读写)一个位。

处理器有两个名为位段区域的预定义存储器区域支持这种操作，其中一个是位于SRAM区域的第一个 1 MB，另一个则是位于外设区域的第一个 1 MB。

这两个区域也可以采用位段别名进行命名，位段别名可以通过位所在字的地址与位序计算得到，即

别名地址=(字地址&0xFFF00000)+0x2000000+(字地址&0xFFFFF)<<5+位序<<2

如图 2-41 所示，在字地址 0x20000000 存储的字中，位 0 的别名为 0x22000000，位 4 的别名为 0x22000010，位 11 的别名为 0x2200002C；在字地址 0x20000004 存储的字中，位 0 的别名为 0x22000080。处理器可通过位段别名地址来访问每一位。

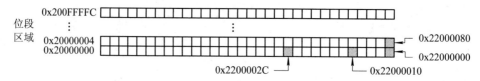

图 2-41　SRAM 中的位段别名地址

2.5　异 常 处 理

Cortex-M4 处理器最多支持 255 个异常，每个异常都有唯一的异常编号，编号从 1 开始。

异常编号如表 2-9 所示，编号 1～15 被归为系统异常，16 号及以上的编号用于中断。

表 2-9　异 常 列 表

异常编号	异常类型	功　　　　能
1	复位	复位
2	NMI	不可屏蔽中断
3	硬件错误	对于所有错误，若其相应的错误处理被禁止或被异常屏蔽阻止而未被激活，则会触发该异常
4	存储管理错误	存储器管理错误，由 MPU 冲突或非法访问引发
5	总线错误	从总线系统收到的错误响应，由指令预取终止和数据访问错误引发
6	使用错误	使用错误，典型原因为使用非法指令或非法的状态转换
7～10	—	保留
11	SVC	通过 SVC 实现的请求管理调用
12	调试监控	调试监控，用于基于软件的调试
13	—	保留
14	PendSV	可挂起的系统服务请求
15	SYSTICK	系统节拍定时器
16～255	IRQ	IRQ 输入#0～#239

异常向量表的起始地址默认为 0x00000000，每 4 字节保存一个异常向量，即 32 位的异常服务程序入口地址低位置 1 后的值。异常编号为 n 的异常向量保存在偏移地址为 4n 的字空间内。

由于异常编号是从 1 开始的，因此从偏移地址为 0x4 的字存储空间开始保存异常向量，所有异常向量的最低位值为 1 以表明工作在 Thumb 状态。

异常产生时，处理器在结束当前指令执行后自动依次将现场的 xPSR、返回地址(PC-4)、LR、R12、R3、R2、R1、R0 寄存器压入 SP 指向的堆栈。这 8 个 32 位字称为异常堆栈帧。与此同时，处理器获取异常编号 n，计算出异常向量的偏移地址为 4n，程序入口地址从[4n]中取出异常服务程序入口地址赋给 PC，同时将保存异常状况信息的 EXC_RETURN 数值保存在 LR 中。EXC_RETURN 的合法取值有：0xFFFFFFF1——返回处理模式(总使用 MSP)，0xFFFFFFF9——返回线程模式并使用 MSP，0xFFFFFFFD——返回线程模式并使用 PSP。

处理器从异常服务程序的入口地址开始读取指令，同时将处理器的状态切换至处理模式，SP 也切换到 MSP，执行异常服务程序。

由于处理器是哈佛结构，因此在指令访问总线上取向量和指令的读操作与在数据访问总线上异常堆栈帧的压栈写操作可以同时进行。由于 xPSR、PC 和 LR 需要更新，因此在压栈时先保存 xPSR、返回地址和 LR。图 2-42 是异常响应与结束时处理器与总线的操作示意图。

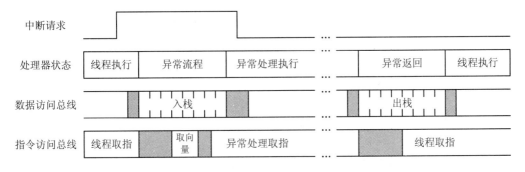

图 2-42 异常响应与结束时总线的操作

假定产生了一个编号为 2 的异常，下面分析处理器与存储器空间的变化。当异常产生后，在当前指令结束时才开始启动异常处理。图 2-43 是异常产生时的寄存器、堆栈等的状态，此时地址为 0x0000100A 的指令刚执行结束，PC 为 0x00001010，SP 采用 PSP。图 2-44 是异常处理开始时寄存器和堆栈等的状态，处理过程先将 8 个寄存器压入 PSP 所指的堆栈，同时计算异常向量表的偏移量 8，从地址 0x8 处获取异常服务程序入口地址 0x00000120 并赋给 PC，将 0xFFFFFFF9 赋给 LR，再将处理器模式变成处理模式，SP 切换为 MSP。最后，如图 2-45 所示，异常结束时将 0xFFFFFFF9 赋给 PC 后，处理器模式切换为线程模式，SP 切换为 PSP，再将保存在堆栈中的寄存器值弹出，此时 PC 值变为 0x0000100C，处理器继续执行被暂停的后续指令。

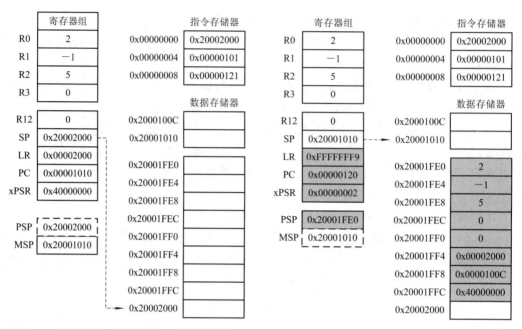

图 2-43　异常产生时寄存器与存储器的状态　　　图 2-44　异常处理开始时寄存器与存储器的状态

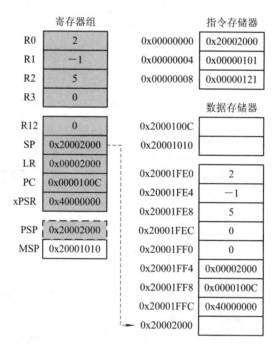

图 2-45　异常处理结束后寄存器与存储器的状态

习　　题

2-1　画出一个仅支持 8 位与、或、异或三种运算的 ALU 结构。

2-2　画出由 4 个 8 位寄存器 R0、R1、R2 和 R3 构成的寄存器组及互连结构，可实现任意一个寄存器读取或写数操作。描述向 R0 写入 0x23 和读取 R2 值两个操作的控制信号。

2-3 将习题 2-1 与习题 2-2 组合构成一个处理电路，列出所支持的与、或、异或三种逻辑运算及寄存器赋值运算的控制信号列表。这里逻辑运算操作数据源可以是两个寄存器，也可以是寄存器值与立即数；寄存器赋值的数据源可以是寄存器、立即数或计算结果。

2-4 设计习题 2-3 的控制指令码及汇编格式，并给出相应的处理电路结构。

2-5 采用一个存储量为 256 B 的 8 位 RAM 作为存储器，试画出其与总线接口单元的连接图，并描述访问某个存储字节时总线如何操作。

2-6 采用图示法描述出以下操作后寄存器和存储单元的值。已知 R0 值为 0x28，R1 值为 0x5，[0x2A]保存值为 0xEA。

(1) [R0, #1]←0x28;   (2) R2←[R0, #2];   (3) [R0, R1]←R0。

2-7 MPU 的基本内部结构含有哪些部件？画出其基本内部结构图并简述每个部件的主要功能。

2-8 分析比较冯·诺依曼结构、哈佛结构和缓存混合结构的优缺点。

2-9 指令通常分为几类？每类有哪些常规操作？这些操作主要完成什么处理功能？

2-10 程序是什么？如何描述？通常保存在哪里？

2-11 异常处理机制的主要作用是什么？进行异常处理时，要进行哪些关键操作？

2-12 Cortex-M4 处理器中，如何实现从非特权访问等级线程模式转换为特权访问等级线程模式，而后再转回非特权访问等级线程模式？

2-13 已知存储器从地址 0x20000000 开始分别保存 0x12、0x34、0x56、0x78、0x9A、0xBC、0xDE、0xF0。参考本章表 2-8，给出以下数据访问时处理器数据与存储器总线上的数据列表。

(1) 读取类型为字节，读取地址为 0x20000004;

(2) 读取类型为半字，读取地址为 0x20000001;

(3) 读取类型为字，读取地址为 0x20000003;

(4) 读取类型为字，读取地址为 0x20000004;

(5) 读取类型为半字，读取地址为 0x20000006。

2-14 已知 Cortex-M4 处理器的当前寄存器 R0、R1、R2 和 SP 值分别为 0x23、0x7812、0x12345678 和 0x20001000。

(1) 将 R0、R1、R2 按顺序逐一压入堆栈，求下面寄存器或存储器的值：

① SP;   ② 字单元[SP+2];   ③ 字节单元[0x200000FF];   ④ 半字单元[SP+8]。

(2) 按顺序逐一弹出堆栈至 R4、R5、R6，求 R4、R5、R6 和 SP 的值。

2-15 某位段区域中，地址为 0x20000102 的字节的位 5 的别名地址为多少？别名地址 0x2200003C 所对应的位所在的字节地址为多少？

2-16 SVC 异常产生时，Cortex-M4 处理器如何进行后续操作？

第三章 汇编指令

本章首先介绍了 Cortex-M4 微处理器所采用的 Thumb-2 汇编指令的格式，接着介绍了数据传输、数据运算、流程控制指令和异常处理指令，最后介绍了常用的数字信号处理指令。

本章学习目的：

(1) 结合微处理器的基本架构理解指令的操作原理；

(2) 实现"见指令明操作，想操作知指令"的程序设计目标。

3.1 指 令 体 系

3.1.1 指令格式

汇编指令是将机器指令采用文本助记符表达的形式，它与机器指令一一对应。Thumb-2 指令集的所有指令都遵循如下格式：

{<label>}   <opcode> {<cond>} {S} <operand1>, <operand2>, … ;注释

其中，{ }表示此助记符为可选项，在无须使用时可以省略；<label>是该指令的标识名，其值就是该指令的存储地址；<opcode>表示具体的指令操作助记符；<cond>代表指令执行条件，具体取值参见表 3-1，只有满足执行条件时才会执行该指令，省略时表示无条件执行；S 表示本次操作是否更新应用程序状态寄存器；<operand1>，<operand2>表示指令对应的操作数，操作数的具体个数随指令类型有所不同；若要注释该指令，则在语句尾部添加";"，随后加入相应的注释信息。

表 3-1 指令执行条件表

后缀	对应条件	标志位值	后缀	对应条件	标志位值
EQ	相等	Z==1	NE	不等	Z==0
CS	无符号数大于等于	C==1	CC	无符号数小于	N==1
MI	负数	N==1	PL	非负数	N==0
VS	溢出	V==1	VC	未溢出	V==0
HI	无符号数大于	C==1 且 Z==0	LS	无符号数小于等于	C==0 或 Z==1
GE	有符号数大于等于	N==V	LT	有符号数小于	N!=V
GT	有符号数大于	Z==0 且 N==V	LE	有符号数小于等于	Z==1 或 N!=V

Thumb-2 汇编指令有 16 位的，也有 32 位的。每条指令地址都是偶数，因此 PC 都是偶数。16 位指令作用的通用寄存器只有 R0～R7，32 位指令没有限制。

3.1.2 指令代码

汇编指令主要包含以下操作：

(1) 数据传输类：搬移、加载/存储、批量加载/存储等；

(2) 数据运算类：算术运算、逻辑运算、移位、比较测试、符号扩展、字节调序、位域处理等；

(3) 程序控制：子程序(函数)调用、分支转移、if-then 等；

(4) 处理器控制：异常相关、休眠模式、存储器屏障、空执行和断点等；

(5) 数字信号处理(DSP)：单指令多数据(SIMD)、乘与乘加、饱和运算等。

微处理器分析从指令访问总线获取的 16 位数据，高 5 位数据决定指令是 16 位还是 32 位。若 B15B14B13 不为 111B，则表明该指令是 16 位。若 B15B14B13 为 111B，但 B12B11 为 00，则表明该指令是 16 位无条件转移指令，否则与后续 16 位一起构成 32 位指令。

16 位指令编码中高 6 位 B15～B10 为操作码，如图 3-1 所示。表 3-2 列出了各类操作码。

15	14	13	12	11	10	9	8	7	6	5	4	3	2	1	0
op															

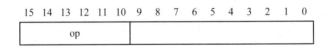

图 3-1　16 位指令编码格式

表 3-2　16 位指令编码

op	指令或指令类	op	指令或指令类
00xxxx	移位(立即数)、加、减、比较和搬移指令	010000	数据处理指令
010001	特殊数据指令、分支和交换指令	01001x	从文本池加载指令
0101xx	单数据加载/存储指令	10100x	产生 PC 相对地址
011xxx		10101x	产生 SP 相对地址
100xxx		1011xx	杂项 16 位指令
11000x	多寄存器存储指令	11001x	多寄存器加载指令
1101xx	条件分支指令和 SVC 指令	11100x	无条件分支指令

16 位移位(立即数)、加、减、比较和搬移指令编码中，B_{13}～B_9 是具体操作码，如图 3-2 所示。表 3-3 列出了这些操作码及相应功能。

15	14	13	12	11	10	9	8	7	6	5	4	3	2	1	0
0	0	op													

图 3-2　移位、加、减、比较和搬移指令编码格式

表 3-3　移位、加、减、比较和搬移指令编码

op	指令或指令类	op	指令或指令类
000xx	逻辑左移	001xx	逻辑右移
010xx	算术右移	—	—
01100	寄存器加	01101	寄存器减
01110	3 位立即数加	01111	3 位立即数减
100xx	搬移	101xx	比较
110xx	8 位立即数加	111xx	8 位立即数减

32 位指令由两个 16 位数组成，如图 3-3 所示，其指令编码如表 3-4 所示。

15 14 13 12 11 10 9 8 7 6 5 4 3 2 1 0	15 14 13 12 11 10 9 8 7 6 5 4 3 2 1 0
1 1 1	op1	op2	op3	

图 3-3　32 位指令编码格式

表 3-4　32 位指令编码

op1	op2	op3	指令或指令类	op1	op2	op3	指令或指令类
01	00xx0xx	x	多数据加载/存储	01	00xx1xx	x	双或单独加载/存储、查表分支
01	01xxxxx	x	数据处理	01	1xxxxxx	x	协处理器指令
10	x0xxxxx	0	数据处理	10	x1xxxxx	0	数据处理
10	xxxxxxx	1	分支和杂项控制	11	000xxx0	x	单数据存储
11	00xx001	x	加载字节、存储器	11	00xx011	x	加载半字、未分配存储器
11	00xx101	x	字加载	11	00xx111	x	未定义
11	010xxxx	x	数据处理	11	0110xxx	x	乘和乘加
11	0111xxx	x	长乘、长乘加和除	11	1xxxxxx	x	协处理器指令

3.1.3　指令执行的描述

在介绍指令时，除了可以采用图进行示意外，还可以用指令执行表来描述，即将相关的存储单元、寄存器组、特殊寄存器以及正在执行的指令等关键内容列在表中。

指令执行表可以采用横排表或竖排表，如表 3-5 或表 3-6 所示。每一行或列代表当前指令执行时的相关存储器单元和寄存器的数据，执行完成后更新内容出现在下一行或列。

表 3-5　横排指令执行表

存储器			寄存器组				APSR				执行指令			备注
[ ]	[N+K]	[ ]	Rd	Rn	Rm	PC	N	Z	C	V	地址	标号	指令	
			M	N	K	I+4					I			Rd→[Rn+Rm]
	M					I+6					I+2			

表 3-6　竖排指令执行表

存储器	[ ]		
	[N+K]		M
	[ ]		
寄存器组	Rd	M	
	Rn	N	
	Rm	K	
	PC	I+4	I+6
APSR	N		
	Z		
	C		
	V		
执行指令	地址	I	I+2
	标号		
	指令		
备注	Rd→[Rn+Rm]		

3.2　数据传输指令

数据传输是微处理器的基本功能之一。数据传输类型包括：寄存器与存储器之间传输数据、立即数加载到寄存器、寄存器之间传输数据、寄存器与特殊功能寄存器之间传输数据。

3.2.1　寄存器与存储器之间的传输

微处理器通过给出地址来选定存储器的相应存储单元并进行读或写的访问操作。寄存器与存储器之间的传输可分为加载(从存储单元到寄存器)和存储(从寄存器到存储单元)。

所要访问的存储单元的地址称为有效地址(EA)，通常由寄存器 Rn 中保存的地址(也称为基地址)和偏移量 offset 组成。如果在访问存储单元的同时将有效地址保存到寄存器中，那么称这种方式为地址回写。指令中的存储单元助记符不仅指出了 EA 的计算(也称为寻址)，而且指出了是否地址回写。Cortex-M4 寻址有四种方式，如表 3-7 所示。

表 3-7　Cortex-M4 寻址方式

寻址方式	存储单元助记符	有效地址	地址回写
立即数偏移寻址	[Rn, #offset]	EA=Rn+offset	无
寄存器偏移寻址	[Rn, Rm, LSL #n]	EA=Rn+(Rm<<n)	无
前序寻址	[Rn, #offset]！	EA=Rn+offset	Rn=EA
后序寻址	[Rn], #offset	EA=Rn	Rn=EA+offset

加载和存储可以一次操作单个寄存器，也可以一次操作多个寄存器。加载和存储传输的数据可以是单个字节，也可以是双字节(半字)、四字节(字)和八字节(双字)。

1. 单数据加载和存储指令

访问指令支持字节、半字、字和双字类型的数据传输，同时还支持有符号数和无符号数的读取。访问指令的格式如下：

<oprcode> Rd, <mem>

其中，<oprcode>为加载或存储指令，Rd 为寄存器，<mem>是存储单元。助记符见表 3-7。表 3-8 是支持不同数据类型操作的指令列表。

表 3-8　单寄存器加载指令列表

指 令 示 例	功 能 描 述
LDRB/LDRSB Rd, <mem>	从存储单元<mem>读取 8 位无/有符号数加载到 Rd 中
LDRH/LDRSH Rd, <mem>	从存储单元<mem>读取 16 位无/有符号数加载到 Rd 中
LDR Rd, <mem>	从存储单元<mem>读取 32 位数加载到 Rd 中
LDRD RdLo, RdHi, <mem>	从存储单元<mem>读取 64 位数加载到 RdLo 和 RdHi 中，RdLo 和 RdHi 分别存储低 32 位和高 32 位
STRB/H Rd, <mem>	将 Rd 的低 8/16 位数存储到存储单元<mem>中
STR Rd, <mem>	将 Rd 的值存储到存储单元<mem>中
STRD Rd1, Rd2, <mem>	将 Rd1 和 Rd2 组合成的 64 位数存储到存储单元<mem>中，Rd1 和 Rd2 分别保存数的低 32 位和高 32 位

1) 立即数偏移寻址与前序寻址

存储单元的有效地址是由寄存器 Rn 保存的基地址与立即数偏移量 offset 相加得到的。典型的字加载和存储指令如下：

LDR Rd, [Rn, #offset]; 从地址 Rn+offset 处读取 32 位数加载到 Rd 中

STR Rd, [Rn, #offset]; 将 Rd 的值存储到地址 Rn+offset 处

如果读取数据时还要将地址值 EA 回写到 Rn 中，那么可以通过添加 "!" 来实现，即 [Rn, #offset]!。典型的字加载和存储指令如下：

LDR Rd, [Rn, #offset]!; Rd←[Rn+offset]，Rn←Rn+offset

STR Rd, [Rn, #offset]!; Rd→[Rn+offset]，Rn←Rn+offset

图 3-4 是先后执行如下两条指令后的结果示意图，表 3-9 是指令执行表。

STRB R1, [R0, #1]!

LDRSH R1, [R0, #1]

执行第一条指令时，把 R1 的低 8 位 0x78 保存在地址为 0x20001001 的字节存储单元，同时将 R0 更新为地址值 0x20001001。

执行第二条指令时，将地址为 0x20001002 的双字节存储空间的数值合成 16 位数 0x8382 读出，将最高位扩展为 32 位数 0xFFFF8382 保存在 R1 中，不更新 R0。

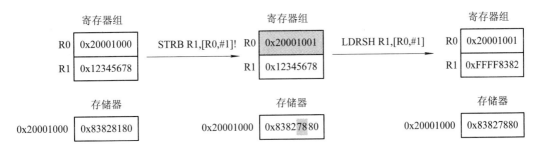

图 3-4　立即数偏移前序寻址指令执行示例

表 3-9　立即数偏移前序寻址指令执行表

存储器	寄存器组			执行指令
[20001000]	R0	R1	R2	
83828180	20001000	12345678	00000001	STRB R1, [R0, #1]!
83827880	20001001	12345678	00000001	LDRSH R1, [R0, #1]
83827880	20001001	FFFF8382	00000001	—

当读取程序代码空间的只读数据时，可以采用以 PC 作为基地址的立即数偏移寻址方式，称为文本池访问。

图 3-5 为指令 LDR R0, [PC, #0x18]执行示意图，表 3-10 为指令执行表。此时 PC 值为 0x00001004，微处理器从地址 0x000101C 处读取一个字保存到 R0 中。

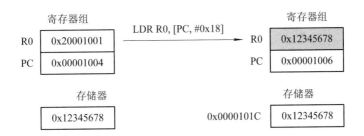

图 3-5　PC 为基址的立即数偏移寻址指令执行示例

表 3-10　PC 为基址的立即数偏移寻址指令执行表

存储器	寄存器组		执行指令
[0000101C]	R0	PC	
12345678	20001001	00001004	LDR R0, [PC, #0x18]
12345678	12345678	00001006	—

2）寄存器偏移寻址

存储单元的有效地址是由两个寄存器 Rn 和 Rm 的值来计算的，Rn 保存基地址，Rm 保存偏移量，两个寄存器共同计算出有效地址。偏移量可以通过移位生成新的偏移量。典型的字加载和存储指令如下：

LDR Rd, [Rn, Rm, LSL#n]；Rd←[Rn+(Rm<<n)]

STR Rd, [Rn, Rm, LSL#n]；Rd→[Rn+(Rm<<n)]

图 3-6 是微处理器先后执行 STRB R1, [R0, R2]和 LDRSH R1, [R0, R2, LSL #1]两条指令后的执行结果示意图，表 3-11 是指令执行表。执行第一条指令时，把 R1 的低 8 位 0x78 保存在地址为 0x20001001 的字节存储单元；执行第二条指令时，将地址为 0x20001002 的双字节存储空间的数值合成 16 位数 0x8382 读出，再将最高位扩展为 32 位数 0xFFFF8382 保存在 R1 中。

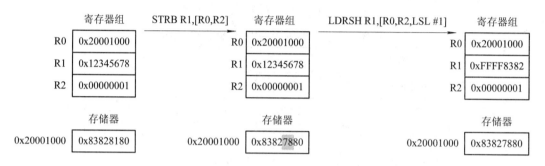

图 3-6　寄存器偏移前序寻址指令示例

表 3-11　寄存器偏移前序寻址指令执行表

存储器	寄存器组			执行指令
[20001000]	R0	R1	R2	
83828180	20001000	12345678	00000001	STRB R1, [R0, R2]
83827880	20001000	12345678	00000001	LDRSH R1, [R0, R2, LSL #1]
83827880	20001000	FFFF8382	00000001	——

3) 后序寻址

存储单元的有效地址是基地址寄存器的值，在访问存储器的同时将地址值与偏移量相加得到新的值，更新基地址寄存器。典型的字加载和存储指令如下：

LDR Rd, [Rn], #offset ；Rd←[Rn], Rn←Rn+offset

STR Rd, [Rn], #offset ；Rd→[Rn], Rn←Rn+offset

图 3-7 是微处理器先后执行 STRB R1, [R0], #1 和 LDRSH R1, [R0], #2 两条指令后的执行结果示意图，表 3-12 是指令执行表。

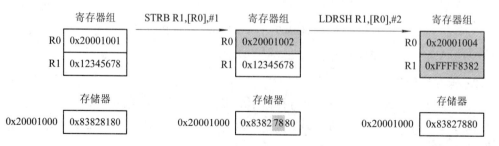

图 3-7　后序寻址指令执行示例

表 3-12　后序寻址指令执行表

存储器	寄存器组		执行指令
[20001000]	R0	R1	
83828180	20001001	12345678	STRB R1, [R0], #1
83827880	20001002	12345678	LDRSH R1, [R0], #2
83827880	20001004	FFFF8382	—

执行第一条指令时，把 R1 的低 8 位 0x78 保存在地址为 0x20001001 的字节存储单元，与此同时将 R0 更新为 R0+1，即 0x20001002。

执行第二条指令时，将地址为 0x20001002 的双字节存储空间的数值合成 16 位数 0x8382 读出，再将最高位扩展为 32 位数 0xFFFF8382 保存在 R1 中，与此同时将 R0 更新为 R0+2，即 0x20001004。

2. 多数据加载和存储指令

Cortex-4M 支持读或写存储器中多个连续的数据。

多加载是指加载多个寄存器，指令为 LDM。多存储是指存储多个寄存器，指令为 STM。这两种操作只支持 32 位数据的读写。

由于涉及多个连续的存储单元，因此访问时地址会自动增减。这里有两种地址更新类型：IA——每次读写后增大地址，DB——每次读写前减小地址。

LDM 和 STM 指令实例如表 3-13 所示。

表 3-13　多加载和多存储指令实例列表

指 令 实 例	功 能 描 述
LDMIA Rn, <reg_list> LDMIA Rn!, <reg_list>	从存储器读取多个字保存在列表中的寄存器里。访问地址初值为 Rn 的值，每次读取后加 4。若有!则在读完后将访问地址 Rn + 4 × m 回写到 Rn
LDMDB Rn, <reg_list> LDMDB Rn!, <reg_list>	从存储器读取多个字保存在列表中的寄存器里。访问地址初值为 Rn 的值，每次读取前减 4。若有!则在读完后将访问地址 Rn + 4 × m 回写到 Rn
STMIA Rn, <reg_list> STMIA Rn!, <reg_list>	将列表中的寄存器的值写入存储器，访问地址初值为 Rn 的值，每次写入后加 4。若有!则在写完后将访问地址 Rn + 4 × m 回写到 Rn
STMDB Rn, <reg_list> STMDB Rn!, <reg_list>	将列表中的寄存器的值写入存储器，访问地址初值为 Rn 的值，每次写入前减 4。若有!则在写完后将访问地址 Rn + 4 × m 回写到 Rn

LDM 和 STM 指令中，<reg_list>是由 m 个寄存器构成的集合，分别采用 "{" 和 "}" 作为集合的头尾助记符。多个寄存器按顺序从小到大排列，寄存器之间采用 "," 分隔，如 {R1, R3, R5, R7}。序号连续的多个寄存器可以采用 "-" 来表示，如{R3-R6}相当于{R3, R4, R5, R6}。序号连续和不连续的寄存器混合在一起，可以组合使用 "," 和 "-"，如 {R0-R3,R5,R7-R10}就表示{R0, R1, R2, R3, R5, R7, R8, R9, R10}。在访问操作时，序号大的寄存器对应高地址存储单元，序号小的寄存器对应低地址存储单元。

图 3-8 是多存储指令执行结果示意图，表 3-14 是指令执行表。

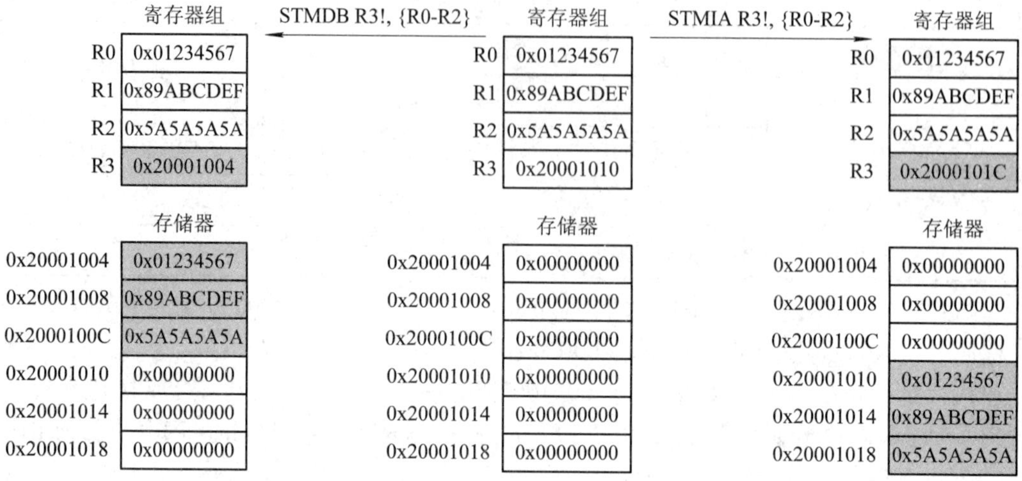

图 3-8 多存储指令执行示例

表 3-14 多存储指令执行表

寄存器组	R0	01234567	01234567	01234567	01234567
	R1	89ABCDEF	89ABCDEF	89ABCDEF	89ABCDEF
	R2	5A5A5A5A	5A5A5A5A	5A5A5A5A	5A5A5A5A
	R3	20001010	20001004	20001010	2000101C
存储器	[20001004]	00000000	01234567	00000000	00000000
	[20001008]	00000000	89ABCDEF	00000000	00000000
	[2000100C]	00000000	5A5A5A5A	00000000	00000000
	[20001010]	00000000	00000000	00000000	01234567
	[20001014]	00000000	00000000	00000000	89ABCDEF
	[20001018]	00000000	00000000	00000000	5A5A5A5A
执行指令		STMDB R3!, {R0-R2}	—	STMIA R3!, {R0-R2}	—

图 3-9 是多加载指令执行结果示意图，表 3-15 是指令执行表。

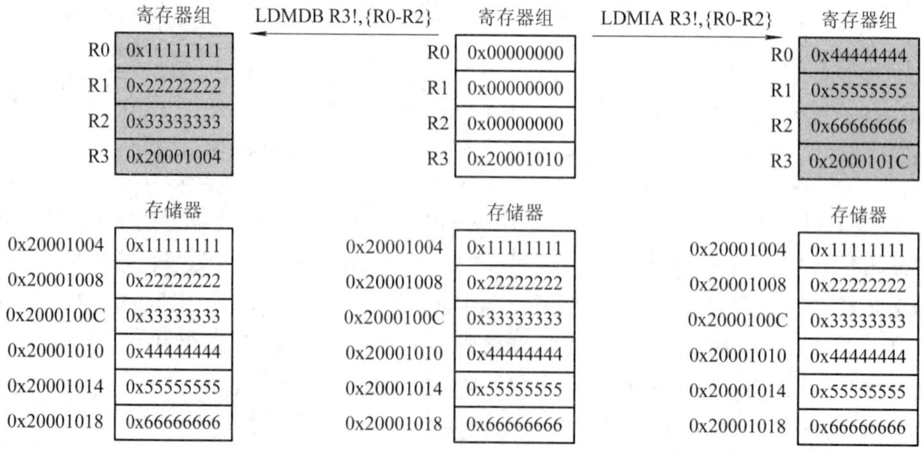

图 3-9 多加载指令执行示例

表 3-15 多加载指令执行表

寄存器组	R0	00000000	11111111	00000000	44444444
	R1	00000000	22222222	00000000	55555555
	R2	00000000	33333333	00000000	66666666
	R3	20001010	20001004	20001010	2000101C
存储器	[20001004]	11111111	11111111	11111111	11111111
	[20001008]	22222222	22222222	22222222	22222222
	[2000100C]	33333333	33333333	33333333	33333333
	[20001010]	44444444	44444444	44444444	44444444
	[20001014]	55555555	55555555	55555555	55555555
	[20001018]	66666666	66666666	66666666	66666666
执行指令		LDMDB R3!, {R0-R2}	—	LDMIA R3!, {R0-R2}	—

　　堆栈操作是一种特殊的多存储和多加载操作，SP 为地址寄存器且地址加减方向固定。

　　压栈指令 PUSH 的作用是每次存储时先让 SP 自减 4，再将数据保存在 SP 所指的存储单元，相当于 STMDB SP!, <reg_list>。

　　弹栈指令 POP 的作用是每次加载时先从 SP 所指的存储单元读取数据，再将 SP 自加 4，相当于 LDMIA SP!, <reg_list>。

　　表 3-16 是这两条指令的功能描述。

表 3-16 堆栈操作指令列表

指 令 实 例	功 能 描 述
PUSH <reg_list>	将列表中的寄存器值压入栈中保存
POP <reg_list>	从栈中弹出值并保存在列表中的寄存器里

　　堆栈空间本身就是存储器，栈内的数据可以采用 STR/LDR 和 STM/LDM 进行访问，但使用 SP 访问时要小心，因为 SP 是专用的指针，其值若出现错误会导致有些操作出错。

3.2.2 寄存器之间的传输

　　在寄存器之间传输数据有两条指令：一条是原值传输的 MOV，另一条是反值传输的 MVN。表 3-17 是这两条指令的功能描述。

表 3-17 寄存器间传输指令

指令实例	功 能 描 述
MOV Rd, Rn	16 位指令，寄存器 Rn 的值赋给寄存器 Rd
MVN Rd, Rn	16 位指令，寄存器 Rn 的值取反后赋给寄存器 Rd

　　如图 3-10 所示，指令 MOV R1, R0 是将 R0 值 0x9ABCDEF0 保存到 R1 中，指令 MVN R1, R0 是将 R0 值 0x9ABCDEF0 取反得到 0x6543210F 再保存到 R1 中。表 3-18 为指令执行表。

图 3-10 寄存器间传输指令执行示例

表 3-18 寄存器间传输指令执行表

寄存器组		指令
R0	R1	
9ABCDEF0	12345678	MOV R1, R0
9ABCDEF0	9ABCDEF0	MVN R1, R0
9ABCDEF0	6543210F	—

3.2.3 立即数加载到寄存器

根据立即数本身的特点，立即数加载到寄存器可采用表 3-19 所示的方法来实现。

表 3-19 立即数加载到寄存器指令列表

指 令 实 例	功 能 描 述
MOV Rd, #imm	16 位指令，将立即数直接从指令中赋给寄存器。imm 必须是一个可以由 8 位立即数左移 0～23 位得到的常数或者是其奇偶字节完全相同的常数
MOVW Rd, #imm	32 位指令，将 16 位立即数 imm 直接从指令中赋给寄存器的低 16 位
MOVT Rd, #imm	32 位指令，将 16 位立即数 imm 直接从指令中赋给寄存器的高 16 位
LDR Rd, [PC, #offset]	将立即数 imm 预先存储在指令空间，使用该指令加载，该指令是文本池访问指令。其中的 offset 是预先计算出来的该指令执行时的数据地址偏移量

图 3-11 是采用以上四种方法实现立即数赋值寄存器的示意图，表 3-20 为相应指令执行表。

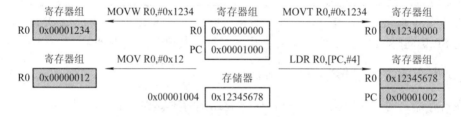

图 3-11 立即数赋值寄存器指令执行示例

表 3-20 立即数赋值寄存器指令执行表

寄存器组		存储器	执行指令
R0	PC	[00001004]	
00000000	—	—	MOVW R0, #0x1234
00001234	—	—	MOVT R0, #0x1234
56781234	—	—	MOV R0, #0x12
00000012	00001000	12345678	LDR R0, [PC, #0x4]
12345678	00001002	12345678	—

表 3-20 中，LDR 可以作为伪指令，采用 LDR Rd,=imm 来实现立即数赋值给寄存器的操作，该指令可以根据立即数的特点自动选择处理指令 MOV 或 MOVW 或文本池访问。

对于大于 16 位的立即数，可以采用 MOVW 和 MOVT 两条指令，比文本池访问效率高。

例如，将立即数 0x12345678 赋给寄存器 R0，可用如下指令实现从文本池访问：

LDR R0, =0x12345678

也可以用以下两条指令来实现：

MOVW R0, #0x5678

MOVT R0, #0x1234

3.2.4　寄存器与特殊寄存器之间的传输

Cortex-M4 内部的特殊寄存器有 CONTROL、PRIMASK、FAULTMASK 和 BASEPRI 等，这些寄存器只允许使用 MRS 和 MSR 实现与通用寄存器之间交互数据。

指令 MRS Rd, Rs 实现特殊寄存器 Rs 的值传输到通用寄存器 Rd，指令 MSR Rs, Rd 实现将通用寄存器 Rd 的值传输到特殊寄存器 Rs。

3.3　数据运算指令

在微处理器系统的实际应用中，数据会被进行各种处理(运算)。其中，最主要的就是算术运算、逻辑运算、移位运算和比较运算，所有运算指令的目的操作数只能是寄存器，源操作数只能是寄存器或立即数，即这些运算是寄存器与寄存器之间或寄存器与常数之间的数据运算。

数据运算指令完成运算的同时还可以对寄存器 APSR 中的标志位进行清 0 或置 1，具体操作如表 3-21 所示。

表 3-21　APSR 标志位设置

名称	符号	位序	描　　述
负值	N	31	执行结果为负置 1，否则清 0，即 1 表示负值，0 表示非负值
零值	Z	30	执行结果为 0 置 1，否则清 0，即 1 表示零值，0 表示非零值
进位	C	29	无符号加法产生进位或减法未产生借位时置 1，否则清 0
溢出	V	28	有符号加或减产生进位或借位时置 1，否则清 0

16 位的数据运算指令都会影响这些标志位，而 32 位的数据运算指令通过操作助记符后缀 S 来影响这些标志位。

表 3-22 列出了一些数值进行加减运算对标志位的影响。

表 3-22　运算对标志位的影响

操　　作	结　　果	N	Z	C	V
0x70000000+0x70000000	0xE0000000	1	0	0	1
0x90000000+0x90000000	0x20000000	0	0	1	1
0x80000000+0x80000000	0x00000000	0	1	1	1
0x00001234−0x00001000	0x00000234	0	0	1	0
0x00000004−0x00000005	0xFFFFFFFF	1	0	0	0
0x80000005−0x80000004	0x00000001	0	0	1	0
0x70000000−0xF0000000	0x80000000	1	0	0	1
0xA0000000−0xA0000000	0x00000000	0	1	1	0

3.3.1　算术运算指令

算术运算指令主要是基本的加减乘除指令。表 3-23 列举了常用的算术运算指令。

表 3-23　常用算术运算指令

指　令　格　式	指　令　功　能
ADD/ADDS Rd, Rn, Rm	普通加法运算，Rd = Rn+Rm
ADD/ADDS Rd, Rn, #imm	普通加法运算，Rd = Rn+imm
ADC/ADCS Rd, Rn, Rm	带进位的加法运算，Rd = Rn + Rm + C
ADC/ADCS Rd, Rn, #imm	带进位的加法运算，Rd = Rn + imm + C
SUB/SUBS Rd, Rn, Rm	普通减法运算，Rd = Rn−Rm
SUB/SUBS Rd, Rn, #imm	普通减法运算，Rd = Rn−imm
SBC/SBCS Rd, Rn, Rm	带借位的减法运算，Rd = Rn−Rm−~C
SBC/SBCS Rd, Rn, #imm	带借位的减法运算，Rd = Rn−imm−~C
MUL/MULS Rd, Rn, Rm	32 位乘法 32 位结果运算，Rd = Rn × Rm
UMLL RdLo, RdHi, Rn, Rm	无符号 32 位乘法 64 位结果运算，(RdHi,RdLo) = Rn × Rm
SMLL RdLo, RdHi, Rn, Rm	有符号 32 位乘法 64 位结果运算，(RdHi,RdLo) = Rn × Rm
UDIV Rd, Rn, Rm	无符号除法运算，Rd = Rn ÷ Rm
SDIV Rd, Rn, Rm	有符号除法运算，Rd = Rn ÷ Rm
MLA Rd, Rn, Rm, Ra	乘加运算，Rd = Ra + Rn × Rm (32 位结果)
UMLAL RdLo, RdHi, Rn, Rm	无符号 32 位乘加 64 位结果运算，(RdHi,RdLo) += Rn × Rm
SMLAL RdLo, RdHi, Rn, Rm	有符号 32 位乘加 64 位结果运算，(RdHi,RdLo) += Rn × Rm
MLS Rd, Rn, Rm, Ra	乘减运算，Rd=Ra−Rn×Rm (32 位结果)

指令 ADDS、ADCS、SUBS、SBCS、MULS 进行相关运算后会更新 APSR。

表 3-24 是几条算术运算指令的执行表。

表 3-24 算术运算指令执行表

寄存器组			APSR				执行指令
R0	R1	R2	N	Z	C	V	
80000000	80000000	FFFFFFFF	0	0	0	0	ADD R2, R1, R0
80000000	80000000	00000000	0	0	0	0	ADDS R2, R1, R0
80000000	80000000	00000000	0	1	1	1	ADCS R2, R1, R0
80000000	80000000	00000001	0	0	1	1	ADDS R2, R0
80000000	80000000	80000001	1	0	0	0	SBCS R2, R1, R0
80000000	80000000	FFFFFFFF	1	0	0	0	SUBS R2, R1, R0
80000000	80000000	00000000	0	1	1	0	—

表 3-24 中，第 1 条指令执行时，0x80000000+0x80000000=0x100000000，取低 32 位 0x00000000 赋给 R2，此处虽产生进位、溢出和零值，但因为指令没有 S 后缀，所以不影响 APSR；第 2 条指令加上后缀 S，执行后 R2 仍为 0x00000000，但由于产生进位、溢出和零值，因此更新了 APSR 中的标志位。

3.3.2 逻辑运算指令

如果把二进制数看成若干个逻辑量的组合，那么每个逻辑量都可以进行逻辑运算。逻辑运算主要是按位进行与、或、异或和与非等操作，指令格式如表 3-25 所示。

表 3-25 常用逻辑运算指令

指 令 格 式	指 令 功 能
AND Rd, Rn	按位与操作，Rd=Rd&Rn
AND{S} Rd, Rn, Rm	按位与操作，Rd=Rn&Rm
AND{S} Rd, Rn, #imm	按位与操作，Rd=Rn&imm
ORR Rd, Rn	按位或操作，Rd=Rd|Rn
ORR{S} Rd, Rn, Rm	按位或操作，Rd=Rn|Rm
ORR{S} Rd, Rn, #imm	按位或操作，Rd=Rn|imm
EOR Rd, Rn	按位异或操作，Rd=Rd^Rn
EOR{S} Rd, Rn, Rm	按位异或操作，Rd=Rn^Rm
EOR{S} Rd, Rn, #imm	按位异或操作，Rd=Rn^mm
BIC Rd, Rn	按位与非操作，Rd=Rd&(~Rn)
BIC{S} Rd, Rn, Rm	按位与非操作，Rd=Rn&(~Rm)
BIC{S} Rd, Rn, #imm	按位与非操作，Rd=Rn&(~imm)

表 3-26 是几条逻辑运算指令的执行表。

表 3-26　逻辑运算指令执行表

寄存器组			APSR				执行指令
R0	R1	R2	N	Z	C	V	
FFFF6666	00003333	00000000	0	0	0	0	ANDS R2, R1, R0
FFFF6666	00003333	00002222	0	0	0	0	ORRS R2, R1, R0
FFFF6666	00003333	FFFF7777	1	0	0	0	EORS R2, R1, R0
FFFF6666	00003333	FFFF5555	1	0	0	0	BICS R2, R1, R0
FFFF6666	00003333	00001111	0	0	0	0	—

3.3.3　比较与测试指令

比较指令用于寄存器与寄存器或寄存器与立即数进行相减或相加运算,并更新标志位。测试指令用于寄存器与寄存器或寄存器与立即数进行位与或者位异或运算,并更新标志位。

测试和比较指令的格式及功能如表 3-27 所示。

表 3-27　测试和比较指令的格式及功能

指令格式	指 令 功 能
CMP Rn, Rm	计算 Rn−Rm,更新 APSR 中对应标志位
CMP Rn, #imm	计算 Rn−imm,更新 APSR 中对应标志位
CMN Rn, Rm	负比较,计算 Rn+Rm,更新 APSR 中对应标志位
CMN Rn, #imm	负比较,计算 Rn+imm,更新 APSR 中对应标志位
TST Rn, Rm	Rn 和 Rm 按位相与,更新 APSR 中的 N 和 Z 位
TST Rn, #imm	Rn 和立即数 imm 按位相与,更新 APSR 中的 N 和 Z 位
TEQ Rn, Rm	Rn 和 Rm 按位异或,更新 APSR 中的 N 和 Z 位
TEQ Rn, #imm	Rn 和立即数 imm 按位异或,更新 APSR 中的 N 和 Z 位

3.3.4　移位运算指令

移位运算是将某些位的数值搬移到其他位置,相当于二进制乘除运算。

移位分为逻辑左移、逻辑右移、算术右移和循环移位。图 3-12 描述了数值 0xF0F0F0F2 的四种移动情况。常用移位运算指令如表 3-28 所示。

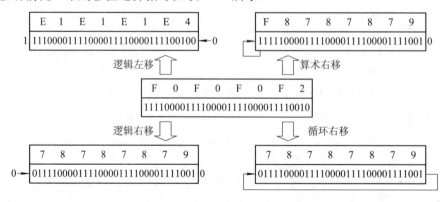

图 3-12　移位运算四种移动示例

表 3-28　常用移位运算指令

指 令 格 式	指 令 功 能
LSL Rd, Rn	逻辑左移操作，Rd=Rd<<Rn
LSL{S} Rd, Rn, Rm	逻辑左移操作，Rd=Rn<<Rm
LSL{S} Rd, Rn, #imm	逻辑左移操作，Rd=Rn<<imm
LSR Rd, Rn	逻辑右移操作，Rd=Rd>>Rn
LSR{S} Rd, Rn, Rm	逻辑右移操作，Rd=Rn>>Rm
LSR{S} Rd, Rn, #imm	逻辑右移操作，Rd=Rn>>imm
ASR Rd, Rn	算数右移操作，Rd=Rd>>Rn
ASR{S} Rd, Rn, Rm	算数右移操作，Rd=Rn>>Rm
ASR{S} Rd, Rn, #imm	算数右移操作，Rd=Rn>>imm
ROR Rd, Rn	循环右移操作，Rd 循环右移 Rn 位
ROR{S} Rd, Rn, Rm	循环右移操作，Rd=Rn 循环右移 Rm 位
ROR{S} Rd, Rn, #imm	循环右移操作，Rd=Rn 循环右移 imm 位

表 3-29 列举了几条移位指令的执行表。

表 3-29　移位指令执行表

寄存器组			APSR				执行指令
R0	R1	R2	N	Z	C	V	
00000001	F0F0F0F2	00000000	0	0	0	0	LSLS R2, R1, R0
00000001	F0F0F0F2	E1E1E1E4	1	0	1	0	LSRS R2, R1, R0
00000001	F0F0F0F2	78787879	0	0	0	0	ASRS R2, R1, R0
00000001	F0F0F0F2	F8787879	1	0	0	0	RORS R2, R1, R0
00000001	F0F0F0F2	78787879	0	0	0	0	—

3.4　数据转换指令

3.4.1　数据扩展指令

有符号数的扩展是将待扩展的字节或半字的最高位填充至前面的所有位，无符号数的扩展则是用 0 填充，如图 3-13 所示。对有些数可以循环右移后再对字节或半字进行扩展，循环移位数只取 8、16、24，让每个字节都可以扩展使用。

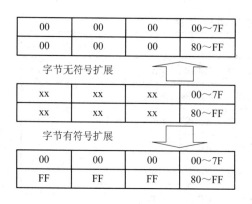

图 3-13　字节和半字扩展

数据扩展指令如表 3-30 所示，表中的 m 值只能取 8、16 或 24。

表 3-30　数据扩展指令

指　　令	指 令 功 能
U/SXTB Rd, Rn{, ROR #m }	Rn{循环右移后}无/有符号字节扩展保存在 Rd 中
U/SXTH Rd, Rn{, ROR #m }	Rn{循环右移后}无/有符号半字扩展保存在 Rd 中
U/SXTAB Rd, Rn, Rm{, ROR #m }	Rm{循环右移后}无/有符号字节扩展与 Rn 之和保存在 Rd 中
U/SXTAH Rd, Rn, Rm{, ROR #m }	Rm{循环右移后}无/有符号半字扩展与 Rn 之和保存在 Rd 中

3.4.2　数据反序指令

数据反序主要用来实现高低字节的顺序转换以满足处理的需要。图 3-14 是字反序和半字反序的示意图。数据反序指令如表 3-31 所示，表中的 Rx.k:m 表示 Rx 值的位 k 至位 m。

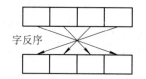 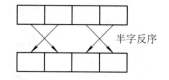

图 3-14　字反序和半字反序

表 3-31　数据反序指令

指　　令	指 令 功 能
REV Rd, Rn	字节按序反转，Rd=(Rn.7:0,Rn.15:8,Rn.23:16,Rn.31:24)
REV16 Rd, Rn	半字的字节反转，Rd=(Rn.23:16,Rn.31:24,Rn.7:0,Rn.15:8)
REVSH Rd, Rn	反转低半字并有符号扩展，Rd=(Rn.7,…,Rn.7:0,Rn.15:8)

3.4.3　数据重组指令

数据重组主要是指实现两个不同数的高低半字重构新字。重组有两种方式：前高半字后低半字(前高后低)、后高半字前低半字(后高前低)，如图 3-15 所示。数据重组指令如表 3-32 所示。

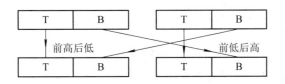

图 3-15 重组

表 3-32 数据重组指令

指　　令	指 令 功 能
PKHBT Rd, Rn, Rm {, LSL #m}	Rd.B=Rn.B，Rd.T=(Rm{<<m}).T
PKHTB Rd, Rn, Rm {, ASR #m}	Rd.T=Rn.T，Rd.B=(Rm{>>m}).B

3.4.4 位域处理指令

位域处理是指对寄存器的某位数值直接进行操作而不影响其他位。位域处理操作主要有位反转、位插入、位清除和拉提取扩展等，如图 3-16 所示。位域处理指令如表 3-33 所示。

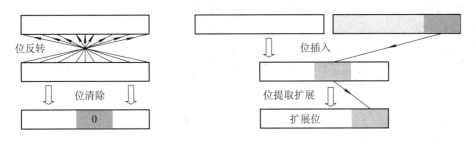

图 3-16 位域处理

表 3-33 位域处理指令

指 令 格 式	指 令 功 能
BFC Rd, #m, #n	位清除，清除指定位为 0，即 Rd.k:m=0，k=m+n−1
BFI Rd, Rn, #m, #n	位插入，Rd.k:m=Rn.(n−1):0，k=m+n−1
CLZ Rd, Rm	Rm 的前导为 0 的位数赋给 Rd
RBIT Rd, Rm	位反转，Rd.31:0=Rn.0:31
UBFX Rd, Rn, #m, #n	位提取并按无符号数扩展，Rd=(0,···,0,Rn.k:m)，k=m+n−1
SBFX Rd, Rn, #m, #n	位提取并按有符号数扩展，Rd=(Rn.k,···,Rn.k,Rn.k:m)，k=m+n−1

3.5 流程控制指令

程序是由按照特定顺序排列的若干指令构成的。在执行程序时，微处理器通过 PC 自增来实现按地址顺序逐条读指执行。如果需要停止后续指令执行而转向其他的地址取指执行，那么就要将新地址赋给 PC。通过重新对 PC 赋值的方式，可以实现对程序流程的控制，这些指令就属于流程控制指令。

Cortex-M4 支持多种流程控制指令，最为常用的指令有两条：跳转指令和调用指令。

3.5.1 跳转指令

在数据处理中，有时需要根据运算结果的状态来决定具体的执行指令。因此，会出现不按顺序执行下一条指令，而执行其他地址指令的情况，这种操作称为跳转。

跳转就是把要转移到的指令地址赋给 PC，微处理器从新地址重新读取指令。跳转指令分为无条件跳转指令、条件跳转指令、比较跳转指令和查表跳转指令。

1. 无条件跳转指令

无条件跳转指令如表 3-34 所示。

表 3-34　无条件跳转指令

指令格式	指 令 功 能
B <label>	程序跳转到 label 处继续执行，此处 label 的跳转范围不能超过±2 KB
B.W <label>	32 位跳转指令，程序跳转到 label 处继续执行，跳转范围为±16 MB
BX <Rm>	程序跳转到寄存器 Rm 中所存放的地址处继续执行，地址必须为奇数

图 3-17 为无条件跳转指令执行示例。图 3-17 中，用 BX 时，寄存器的值必须是奇数，即地址+1。

图 3-17　无条件跳转指令执行示例

表 3-35 是相应的指令执行表。

表 3-35　无条件跳转指令执行表

寄存器组		执行指令			备注
R0	PC	地址	标号	指令	
00001021	00001010	0000100C		B op1	
00001021	00001020				读指
00001021	00001022				译指、读指
00001021	00001024	00001020	op1	—	执行、译指、读指
⋮					⋮
00001021	00001010	0000100C		BX R0	读指
00001021	00001020				读指
00001021	00001022				译指、读指
00001021	00001024	00001020	op1	—	执行、译指、读指

从执行表中可以看出，跳转指令使微处理器内部的操作流水线中断，重新开始新的操作流水线。因此，跳转一次会额外增加两个指令周期的时间。

2. 条件跳转指令

条件跳转指令在执行时，先检查 APSR 中的标志位 N(负标志)、Z(零标志)、C(进位/借位)和 V(溢出)并判断是否符合跳转条件。若满足条件,则进行跳转操作,否则继续执行后续指令。条件跳转指令如表 3-36 所示。

表 3-36　条件跳转指令

指 令 格 式	指 令 功 能
B <cond> <label>	若<cond>为真,则程序跳转到<label>处继续执行。当所需跳转范围大
B<cond>.W <label>	于±256 B 时,使用带有".w"的 32 位版本

在跳转指令前一般都有对 APSR 进行更新的指令。常见的指令主要有如下五种:多数 16 位数据处理指令、带有 S 后缀的 32 位数据处理指令、CMP 和 CMN 的比较指令、TST 和 TEQ 的测试指令、直接对 APSR 置位清零指令。

图 3-18 是两条条件跳转指令 BEQ op1(相等时跳转)和 BNE op1(不等时跳转)的执行示例,其结果主要是影响 PC。表 3-37 是相应的指令执行表。

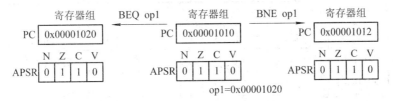

图 3-18　条件跳转指令执行示例

表 3-37　条件跳转指令执行表

寄存器组		APSR				执行指令		
R0	PC	N	Z	C	V	地址	标号	指令
00000001	00001010	0	1	1	0	0000100C		BNE op1
00000001	00001012	0	1	1	0	0000100E		—
—	—	—	—	—	—	—		
00000001	00001010	0	1	1	0	0000100C		BEQ op1
00000001	00001020	0	1	1	0			
00000001	00001022	0	1	1	0			
00000001	00001024	0	1	1	0	00001020	op1	—

3. 比较跳转指令

在比较操作中,与零比较的情况特别多。常规操作需要两条指令来完成,即 CMP Rn, #0 和 BEQ<label>或 BNE<label>。为了进一步减少执行时间,将这两条指令合为一条,即将比较与条件跳转操作合二为一。

比较跳转指令 CBZ 和 CBNZ 是将比较和跳转两个操作融合为一体的指令,如表 3-38 所示。CBZ 指令表示寄存器的值为零时跳转;CBNZ 则与之相反,表示寄存器的值不为零时跳转。

表 3-38　比较跳转指令

指 令 格 式	指 令 功 能
CBZ Rn, <label>	Rn 值与 0 相等时程序跳转到 label 处继续执行
CBNZ Rn, <label>	Rn 值与 0 不等时程序跳转到 label 处继续执行

与普通的条件跳转指令不同，CBZ 和 CBNZ 不支持后向跳转，只能向前跳转。

图 3-19 是 CBZ R0, op1 和 CBNZ R0, op1 这两条指令的执行情况。比较跳转指令本身不受 APSR 的标志位影响，也不影响标志位。表 3-39 是相应的指令执行表。

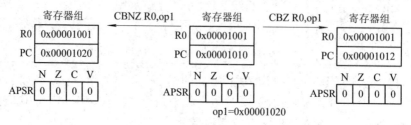

op1=0x00001020

图 3-19　比较跳转指令执行示例

表 3-39　比较跳转指令执行表

寄存器组		APSR				执行指令		
R0	PC	N	Z	C	V	地址	标号	指令
00001001	00001010	0	0	0	0	0000100C		CBNZ R0,op1
00001001	00001020	0	0	0	0			
00001001	00001022	0	0	0	0			
00001001	00001024	0	0	0	0	00001020	op1	
⋮								⋮
00001001	00001010	0	0	0	0	0000100C		CBZ R0,op1
00001001	00001012	0	0	0	0	0000100E		—

4. 查表跳转指令

查表跳转指令用于从偏移表中获取前向转移量并计算出跳转地址，从而进行跳转。查表跳转指令有两条，即 TBB [Rd, Rn] 和 TBH [Rd, Rn]。

TBB 是以字节为单位的查表跳转指令，字符表的首地址为 Rd 值，从序号为 Rn 值的字符存储单元中取出一个 8 位前向跳转偏移量，再与 PC 值一起计算出前向跳转地址。TBH 是以半字为单位的查表跳转指令，半字表的首地址为 Rd 值，从序号为 Rn 值的半字存储单元中取出一个 16 位前向跳转偏移量，再与 PC 值一起计算出前向跳转地址。图 3-20 给出了两条指令的存储结构及计算公式。图中，B[ ] 表示取字节，H[ ] 表示取半字。

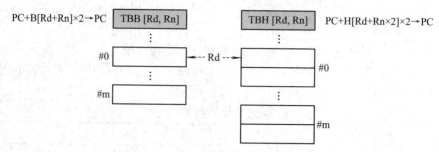

图 3-20　查表跳转指令的存储结构及计算公式

TBB 前向跳转地址偏移量范围为 4～514,TBH 前向跳转地址偏移量范围为 4～131 074。

例如，查表指令要求：R0 为 0 时跳转至 0x00002000,为 1 时跳转至 0x00002040,为 2 时跳转至 0x000020A0,为 3 时跳转至 0x000020C0。若当前 PC 为 0x00002000,则 R0 为 0、1、2、3 时的前向跳转偏移地址分别为 0x0、0x40、0xA0、0xC0。假定偏移表保存在 0x00004000。当采用 TBB 指令时，表中所保存的字节型前向跳转偏移量为前向跳转偏移地址的 1/2，即四个前向跳转偏移地址分别为 0x00、0x20、0x50、0x60，存储地址分别为 0x00004000、0x00004001、0x00004002、0x00004003。当采用 TBH 指令时，表中保存的半字型前向跳转偏移量仍然为前向跳转偏移地址的 1/2，但存储地址变为 0x00004000、0x00004002、0x00004004、0x00004006。

图 3-21 是 TBB 和 TBH 两条指令相应的前向跳转偏移表构建示意图。

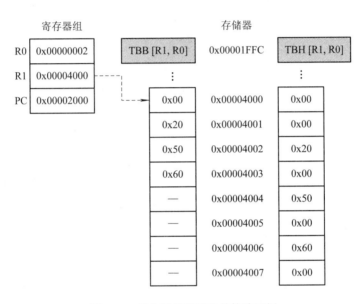

图 3-21　前向跳转偏移表的构建示例

3.5.2　调用指令

调用是带返回地址的跳转，即跳转时将下一条指令地址低位置 1，作为返回地址保存在 LR 中，并将跳转地址赋给 PC。若跳转后执行的某传输指令将返回地址赋给 PC，则微处理器执行调用指令的下一条指令。调用指令的具体内容如表 3-40 所示。

表 3-40　调　用　指　令

指令格式	指 令 功 能
BL <label>	程序跳转到<label>处继续执行，同时将返回地址保存在 LR 中
BLX Rm	程序跳转到 Rm 所指定的地址，同时将返回地址保存在 LR 中，Rm 值必须为奇数

表 3-41 是两条调用指令的执行表。

表 3-41　调用指令执行表

寄存器组			执行指令			
R0	LR	PC	地址	标号	指令	
—	00001001	00001010	0000100C		BL op1	32 位指令
—	00001011	00001020				
—	00001011	00001022				
—	00001011	00001024	00001020	op1		
	—	—	—		—	
00001021	00001001	00001010	0000100C		BLX R0	16 位指令
00001021	0000100F	00001020				
00001021	0000100F	00001022				
00001021	0000100F	00001024	00001020	op1		

在执行 BL 指令时，微处理器会自动更新寄存器 LR。因此，在使用 BL 指令之前，根据具体情况来决定是否保存 LR 的值。如果需要，则将 LR 值压入堆栈来保存。

3.6　异常处理指令

与异常处理相关的指令主要有系统服务调用(SVC)指令和改变处理器状态(CPS)指令。

3.6.1　SVC 指令

SVC 指令用于产生一个 SVC 异常，SVC 异常类型为 11，它使微处理器进入特权处理模式。

SVC 指令的语法格式如下：

SVC　#imm

其中，imm 表示一个 8 位立即数，该立即数的具体数值不会影响 SVC 异常的响应动作。该立即数主要用作输入参数，供后续处理使用。

表 3-42 描述了 SVC 指令执行的结果。当执行 SVC 指令时，产生 SVC 异常，异常类型是 11，其异常向量保存在地址 0x0000002C 处。微处理器从该地址读取一个字 0x00000063，同时将 R0～R3、R12、LR、返回地址 0x00000056 和 xPSR 压入当前堆栈，随后用 0xFFFFFFF9、0x0100000B 和 0x00000062 更新 LR、xPSR 和 PC。微处理器使用 MSP 从 [0x00000062]处读取指令执行异常处理程序。

表 3-42　SVC 指令执行表

寄存器组					
	R0	11111111	11111111	11111111	11111111
	R1	22222222	22222222	22222222	22222222
	R2	33333333	33333333	33333333	33333333
	R3	44444444	44444444	44444444	44444444
	R12	55555555	55555555	55555555	55555555
	SP(MSP)	20000400	200003E0	200003E0	200003E0
	LR	FFFFFFFF	FFFFFFF9	FFFFFFF9	FFFFFFF9
	PC	00000058	00000062	00000064	00000066
	xSPR	01000000	0100000B	0100000B	0100000B

	[0000002C]	00000063	00000063	00000063	00000063
	[200003E0]	00000000	11111111	11111111	11111111
	[200003E4]	00000000	22222222	22222222	22222222
	[200003E8]	00000000	33333333	33333333	33333333
存储器	[200003EC]	00000000	44444444	44444444	44444444
	[200003F0]	00000000	55555555	55555555	55555555
	[200003F4]	00000000	FFFFFFFF	FFFFFFFF	FFFFFFFF
	[200003F8]	00000000	00000056	00000056	00000056
	[200003FC]	00000000	01000000	01000000	01000000
执行指令	地址	00000054			00000062
	指令	SVC #7			—

3.6.2 CPS 指令

CPS 指令用于实现异常使能和禁止。该指令在使用时，必须带有 IE(中断使能)或 ID(中断禁止)后缀。通过带有后缀的该指令，可以设置和清除 PRIMASK 和 FAULTMASK 的异常屏蔽寄存器，从而对异常的使能和禁止进行控制。表 3-43 为 CPS 指令功能。

表 3-43 CPS 指令功能

指令格式	指 令 功 能
CPSIE I	使能中断(清除 PRIMASK)
CPSID I	禁止中断(设置 PRIMASK)，NMI 和 HardFault 不受影响
CPSIE F	使能中断(清除 FAULTMASK)
CPSID F	禁止中断(设置 FAULTMASK)，NMI 不受影响

3.6.3 异常返回触发指令

在进入异常时，微处理器自动将返回值 EXC_RETURN 保存在 LR 中。当异常处理完成时触发返回，也就是将 EXC_RETURN 赋给 PC，微处理器根据 EXC_RETURN 的值来访问栈空间，将进入异常时入栈的寄存器数值恢复到寄存器组中。异常返回触发指令如表 3-44 所示。

表 3-44 异常返回触发指令

返 回 指 令	描　　述
BX <reg>	EXC_RETURN 数值在寄存器中时使用，禁用 MOV PC, <reg>
POP {PC}或 POP {…,PC}	EXC_RETURN 数值在堆栈中时使用，PC 为目的寄存器之一
LDR 或 LDM	EXC_RETURN 数值在存储器中时使用，PC 为目的寄存器之一

3.7 DSP 处理指令

数据处理包括多个数值并行运算、数值范围限定、数位变化、不同数位的合成等操作。

Cortex-M4 支持饱和运算指令、乘法指令和乘加指令，还支持单指令多数据操作(SIMD)指令。

3.7.1 饱和运算指令

在数据处理中，需要对数值的有效性进行约束限制。饱和运算是指当数据超出上限时将其值置为最大，当低于下限时将其值置为最小，使数据不会发生溢出。

表 3-45 是两条基本的饱和运算指令，该指令还支持左移或右移结果的饱和运算。

表 3-45　饱和运算指令

指令格式	功能描述
SSAT Rd, #imm, Rn, {,#shift}	将 Rn{移位结果}按 imm 位进行计算，若大于最大值则取最大值，若小于最小值则取最小值。SSAT 为有符号数，USAT 为无符号数
USAT Rd, #imm, Rn, {,#shift}	

为了描述方便，采用 Q<a>表示对数值 a 以字型有符号数进行饱和运算，QH<a>表示对数值 a 以半字型有符号数进行饱和运算，QB<a>表示对数值 a 以字节型有符号数进行饱和运算。

饱和加减指令用于对普通加减运算结果进行饱和运算，如表 3-46 所示。

表 3-46　普通饱和加减指令

指令格式	功能描述
QADD Rd, Rn, Rm	Rd=Q<Rn+Rm>
QSUB Rd, Rn, Rm	Rd=Q<Rn-Rm>
QDADD Rd, Rn, Rm	Rd=Q<Rn+Q<2×Rm>>
QDSUB Rd, Rn, Rm	Rd=Q<Rn-Q<2×Rm>>

3.7.2 SIMD 指令

SIMD 是指一条指令可以同时处理多个数据。32 位的数据通道可以一次处理 2×16 位或 4×8 位数据。

32 位寄存器可以用于四种 SIMD，如图 3-22 所示。

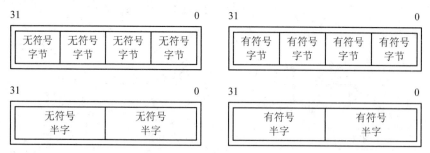

图 3-22　四种 SIMD

1. SIMD 普通加减与半加减运算指令

SIMD 指令支持多个数据并行加减运算，一条指令可实现如图 3-23 所示的 4 组 8 位数运算，也可以实现如图 3-24 所示的 2 组 16 位数运算，同时还支持结果取半的半加减运算。

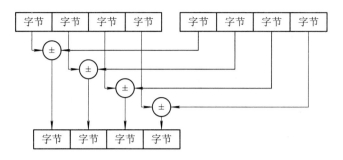
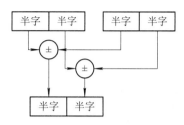

图 3-23　4 组 8 位数运算　　　　　图 3-24　2 组 16 位数运算

4 组 8 位数普通加减运算指令如表 3-47 所示。表中，Rx.b 表示 Rx 的 4 字节之一。

表 3-47　4 组 8 位数普通加减运算指令

指 令 格 式	功 能 描 述
SADD8/UADD8 Rd, Rn, Rm	有/无符号 8 位数加 4 组，Rd.b = Rn.b + Rm.b
QADD8/UQADD8 Rd, Rn, Rm	有/无符号 8 位数加 4 组，Rd.b = QB\<Rn.b + Rm.b\>
SSUB8/USUB8 Rd, Rn, Rm	有/无符号 8 位数减 4 组，Rd.b = Rn.b–Rm.b
QSUB8/UQSUB8 Rd, Rn, Rm	有/无符号 8 位数减 4 组，Rd.b = QB\<Rn.b–Rm.b\>
SHADD8/UHADD8 Rd, Rn, Rm	有/无符号 8 位数半加 4 组，Rd.b = (Rn.b+Rm.b) ÷ 2
SHSUB8/UHSUB8 Rd, Rn, Rm	有/无符号 8 位数半 H4 组，Rd.b = (Rn.b-Rm.b) ÷ 2

2 组 16 位数普通加减运算指令如表 3-48 所示。表中，Rx.h 表示 Rx 的 4 字节之一。

表 3-48　2 组 16 位数普通加减运算指令

指 令 格 式	功 能 描 述
SADD16/UADD16 Rd, Rn, Rm	有/无符号 16 位数加 2 组，Rd.h = Rn.h + Rm.h
QADD16/UQADD16 Rd, Rn, Rm	有/无符号 16 位数加 2 组，Rd.h = QH\<Rn.h + Rm.h\>
SSUB16/USUB16 Rd, Rn, Rm	有/无符号 16 位数减 2 组，Rd.h = Rn.h–Rm.h
QSUB16/UQSUB16 Rd, Rn, Rm	有/无符号 16 位数减 2 组，Rd.h = QH\<Rn.h–Rm.h\>
SHADD16/UHADD16 Rd, Rn, Rm	有/无符号 16 位数半加 2 组，Rd.h = (Rn.h+Rm.h) ÷ 2
SHSUB16/UHSUB16 Rd, Rn, Rm	有/无符号 16 位数半减 2 组，Rd.h = (Rn.h-Rm.h) ÷ 2

2. SIMD 半字交叉加减及半加减运算指令

SIMD 支持高半字和低半字同时进行如图 3-25 所示的交叉加减运算，也支持半字交叉半加减运算。指令如表 3-49 所示。表中，Rx.T 和 Rx.B 分别表示 Rx 值的高半字和低半字。

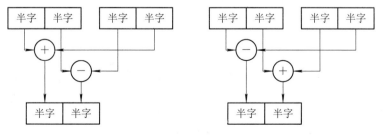

图 3-25　半字交叉加减运算

表 3-49　SIMD 半字交叉加减指令

指　　令	功 能 描 述
SASX/UASX Rd, Rn, Rm	有/无符号数，Rd.T=Rn.T+Rm.B ‖ Rd.B = Rn.B−Rm.T
SSAX/USAX Rd, Rn, Rm	有/无符号数，Rd.T=Rn.T−Rm.B ‖ Rd.B = Rn.B+Rm.T
SHASX/UHASX Rd, Rn, Rm	有/无符号数，Rd.T=(Rn.T+Rm.B)÷2 ‖ Rd.B = (Rn.B−Rm.T) ÷ 2
SHSAX/UHSAX Rd, Rn, Rm	有/无符号数，Rd.T=(Rn.T−Rm.B)÷2 ‖ Rd.B = (Rn.B+Rm.T) ÷ 2

3. SIMD 扩展指令

SIMD 支持高低半字分别扩展及计算，如表 3-50 所示。

表 3-50　SIMD 扩展指令

指　　令	指 令 功 能
UXTB16/SXTB16 Rd, Rn{, ROR #m }	{循环右移后}高低半字的低字节分别按无/有符号字节展开
UXTAB16/SXTAB16 Rd, Rn, Rm{, ROR #m }	{循环右移后}高低半字的低字节分别按无/有符号字节展开后，再与寄存器相加

4. SIMD 杂项指令

SIMD 杂项指令主要有字节选择指令、高低位饱和运算指令以及绝对值和运算指令，如表 3-51 所示。

表 3-51　SIMD 杂项指令

指　　令	指 令 功 能
SEL Rd, Rn, Rm	选择字节，若 APSR.GEi 等于 1，则 Rn.bi 取 Rn.bi，否则取 Rm.bi
SSAT16/USAT16 Rd, #m, Rn	Rn 的高低半字分别以 m 位有/无符号数进行饱和运算
USAD8 Rd, Rn, Rm	求出 Rn 与 Rm 对应字节的差的绝对值，再将四个绝对值相加
USADA8 Rd, Rn, Rm, Ra	求出 Rn 与 Rm 对应字节的差的绝对值，将四个绝对值的和与 Ra 相加

3.7.3　乘与乘加指令

1. 单次 16 位乘与乘加指令

该指令只计算一次 16 位数相乘，两个有符号数的高低半字相乘共有四种组合，即低乘低(BB)、低乘高(BT)、高乘低(TB)和高乘高(TT)，如图 3-26 所示。其指令如表 3-52 所示。

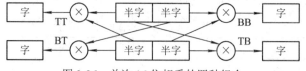

图 3-26　单次 16 位相乘的四种组合

表 3-52　单次 16 位乘与乘加指令

指　　令	指 令 功 能
SMULBB/BT/TB/TT Rd, Rn, Rm	Rd = (Rn.B/Rn.T) × (Rm.B/Rm.T)
SMLABB/BT/TB/TT Rd, Rn, Rm, Ra	Rd = Ra + (Rn.B/Rn.T) × (Rm.B/Rm.T)
SMLALBB/BT/TB/TT RdLo, RdHi, Rn, Rm	(RdHi,RdLo)=(RdHi,RdLo) + (Rn.B/Rn.T) × (Rm.B/Rm.T)

2. 两次 16 位乘与乘加指令

该指令主要实现两个有符号数的高低半字乘积之和或差，运算共有如图 3-27 所示的四种组合：低低积与高高积之和或差、低高积与高低积之和或差。其指令如表 3-53 所示。

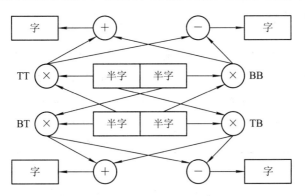

图 3-27　两次 16 位相乘的四种组合

表 3-53　两次 16 位乘与乘加指令

指　　　令	指令功能
SMUAD Rd, Rn, Rm	Rd = (Rn.B × Rm.B) + (Rn.T × Rm.T)
SMUADX Rd, Rn, Rm	Rd = (Rn.B × Rm.T) + (Rn.T × Rm.B)
SMUSD Rd, Rn, Rm	Rd = (Rn.B × Rm.B)–(Rn.T × Rm.T)
SMUSDX Rd, Rn, Rm	Rd = (Rn.B × Rm.T)–(Rn.T × Rm.B)
SMLAD Rd, Rn, Rm, Ra	Rd = Ra + (Rn.B×Rm.B) + (Rn.T × Rm.T)
SMLADX Rd, Rn, Rm, Ra	Rd = Ra + (Rn.B × Rm.T) + (Rn.T × Rm.B)
SMLSD Rd, Rn, Rm, Ra	Rd = Ra + (Rn.B × Rm.B)–(Rn.T × Rm.T)
SMLSDX Rd, Rn, Rm, Ra	Rd = Ra + (Rn.B × Rm.T)–(Rn.T × Rm.B)
SMLALD RdLo, RdHi, Rn, Rm	(RdHi,RdLo) = (RdHi,RdLo) + (Rn.B × Rm.B) + (Rn.T × Rm.T)
SMLALDX RdLo, RdHi, Rn, Rm	(RdHi,RdLo) = (RdHi,RdLo) + (Rn.B × Rm.T) + (Rn.T × Rm.B)
SMLSLD RdLo, RdHi, Rn, Rm	(RdHi,RdLo) = (RdHi,RdLo) + (Rn.B × Rm.B)–(Rn.T × Rm.T)
SMLALDX RdLo, RdHi, Rn, Rm	(RdHi,RdLo) = (RdHi,RdLo) + (Rn.B × Rm.T)–(Rn.T × Rm.B)

3. 加权指令

该指令用于计算一个有符号数与另一个权值相乘后的结果，权值可为 16 位或 32 位无符号数，等效权值为 $0 \sim (2^{16}-1)/2^{16}$ 或者 $0 \sim (2^{32}-1)/2^{32}$。由于权值为 16 位或 32 位整数，因此计算中需要右移 16 位或 32 位才能得到最终结果。

加权指令如表 3-54 所示。

表 3-54　加　权　指　令

指　　令	指 令 功 能
SMULWB/T Rd, Rn, Rm	Rd = (Rn × Rm.B/T) >> 16
SMLAWB/T Rd, Rn, Rm, Ra	Rd = Ra + (Rn × Rm.B/T) >> 16
SMMUL Rd, Rn, Rm	Rd = (Rn × Rm) >> 32
SMMULR Rd, Rn, Rm	Rd = (Rn × Rm + 2^{31}) >> 32(四舍五入)
SMMLA Rd, Rn, Rm, Ra	Rd = Ra + (Rn × Rm) >> 32
SMMLAR Rd, Rn, Rm, Ra	Rd = Ra + (Rn × Rm + 2^{31}) >> 32(四舍五入)
SMMLS Rd, Rn, Rm, Ra	Rd = Ra–(Rn × Rm) >> 32
SMMLSR Rd, Rn, Rm, Ra	Rd = Ra–(Rn × Rm + 2^{31}) >> 32(四舍五入)

4. 双和乘加指令

该指令在常规的 MAC 运算结果上再加一个数构成 64 位数，其指令格式如下：

UMAAL RdLo, RdHi, Rn, Rm

该指令的功能为 Rd = RdHi + RdLo + Rn × Rm。

习　　题

3-1　已知存储器从地址 0x20000100 开始连续保存 0x12345678 和 0x9ABCDEF0 这两个 32 位数。寄存器 R0、R1 和 R2 分别保存 0x200000000、0x103、0x41。

(1) 给出以下指令的执行结果：

① LDRH R3, [R0, #2]；　② LDRB R3, [R0, R1]；　③ LDR R3, [R0, R2, LSL #2]；

④ LDR R3, [R0, #2]!；　⑤ LDRB R3, [R0], #2；　⑥ LDR R0, [R0, R1]。

(2) 写出能完成以下操作的指令：

① 0x0000F012→R3；　② 0xBCDEF012→R3；　③ 0x12345678→R4, 0x9ABCDEF0→R5。

(3) 给出以下指令的执行结果：

① STRB R2, [R0, #3]；　② STRH R1,[R0,R1]；　③ STR R2, [R0], #4；

④ STMIA R0!, [R0-R2]。

3-2　寄存器的 SP 值为 0x20001000，写出完成以下功能的指令：

(1) 将 R0 的值压入堆栈；

(2) 从堆栈弹出数值保存在 R3 中；

(3) 取 SP 所指的字单元的值；

(4) 在堆栈中开辟 4 个字存储空间；

(5) 从堆栈中释放 4 个半字存储空间；

(6) 将 R3～R6 的数值保存在堆栈中；

(7) 从堆栈中弹出 3 个数值分别保存在 R0、R3、R7 中；

(8) 从堆栈中弹出 3 个数值，按出栈先后顺序保存在 R7、R6 和 R5 中。

3-3　寄存器 R0、R1 和 R2 值分别为 0x80000000、0x80000000 和 0xFFFFFFFE，请给出以下指令的执行结果。

(1) ADD R2, R1, R0；

(2) ADDS R2, R1, R0；

(3) ADDS R2, R0；

(4) SUBS R2, R1, R0。

3-4　寄存器 R0 和 R2 值分别为 0xFFFF3333 和 0x00006666，请给出以下指令的执行结果。

(1) ANDS R2, R1, R0；

(2) ORRS R2, R1, R0；

(3) EORS R2, R1, R0；

(4) BICS R2, R1, R0。

3-5　当前指令地址为 0x00001010，采用相应指令完成以下功能，并给出运行后相关寄存器值的变化。

(1) 执行某指令，指令地址为 0x00001100 且标号为 op1；

(2) 执行某指令，指令地址为 0x10001100 且标号为 op1；

(3) 调用某指令，指令地址为 0x00001100 且标号为 op1；

(4) 调用某指令，指令地址保存在 R0 中；

(5) 执行某指令，指令地址保存在 LR 中；

(6) 执行某指令，指令地址保存在当前堆栈指针；

(7) 执行某指令，指令地址保存寄存器 R4 中；

(8) 执行某指令，指令地址为当前指令地址+20。

3-6　描述 SVC 指令执行时 Cortex-M4 微处理器进行的主要操作。

3-7　给出合适的指令用于完成以下数学运算：

(1) 两复数之和$(a + bi) + (c + di)$；

(2) 两复数之积$(a + bi) \times (c + di)$；

(3) $\sum x_n y_n$。

第四章 程序设计

本章首先介绍编程语言、程序结构和集成环境等，接着介绍数据定义、数据处理、流程结构和函数等程序设计基础，然后介绍混合编程，最后介绍异常服务函数的设计。

本章学习目的：
(1) 掌握程序设计的基础知识，理解 C 语言与汇编语言之间的联系；
(2) 根据流程可以熟练应用两种语言实现程序设计与调试；
(3) 能够从处理器的结构理解软件的执行，做到"见 C 知汇编，见软(程序)知硬(执行)"。

4.1 开 发 架 构

4.1.1 编程语言

从处理器的角度来看，一条指令只是一个操作，那么执行多条指令构成的程序就是完成一个完整功能的操作。从程序执行的角度来看，处理器读取指令后译码执行，完成所有操作。从程序设计的角度来看，用指令来描述所要实现的功能，并组织这些指令，将指令和数据放置到规定的存储位置，最终让字符变成可以执行的二进制数。

1. 机器语言

二进制语言是处理器能直接执行的唯一语言，也叫机器语言。程序设计就要按照指令的执行顺序将相应的二进制数值放在相应的存储空间。这种方式简单直接，写入后就可以执行，但不便编程。

2. 汇编语言

为了方便记忆、阅读和组织，采用助记符来表示指令，即汇编指令。汇编指令和机器指令一一对应，开发时只需要用汇编指令来书写程序即可。由于程序设计中不仅有指令，还有数据的定义，以及程序代码和数据的存储，因此，采用一些助记符来规范指令的排列和数据的存放，它们与汇编指令共同构成汇编程序。这些指令和规范一起就构成了汇编语言。汇编语言是最接近机器语言的程序设计语言，可以视为机器语言的文字描述形式，方便程序设计。

汇编语言编写的程序通过汇编器生成目标模块，该目标模块描述了其在存储区段需要的空间和内容，每个存储区段存有指令、数据或两者皆有。

将这些目标模块通过链接器互连，就可以创建一个可执行文件，该文件把数据和目标代码分配到合适的存储区段。链接器可以决定标号的地址并自动更新所引用标号的机器指令中的值。

在存储器中，通过内存镜像来存放可执行的内核代码和数据，它们会出现在所生成的可执行文件里。

ARM 汇编开发与编译平台有关，本书采用 Keil MDK-ARM 平台。

3. 高级语言

为了让更多的程序设计不依赖于处理器和汇编语言，高级语言应运而生。高级语言是面向处理的，它采用规范的数据定义、操作语句和程序结构，使程序更接近处理思路，更易读易懂。高级语言可以应用于更多的处理器。高级语言编写的程序通过编译器可以生成汇编程序。

汇编语言和高级语言是从不同的出发点来进行程序设计的，表 4-1 给出了两者简单的对比。

表 4-1　汇编语言与高级语言对比

程序	汇编语言	高级语言
视角	存储器与指令	数据结构与算法
数据定义	直观，易观察	抽象，但易用
运算处理	直接，效率高，但描述复杂	直接，描述简捷，但效率稍低
流程结构	跳转主导，不易描述且难懂	格式化，描述简单且易读
应用场合	面向处理系统启动和高速处理	面向数据处理和业务应用

目前，微处理器系统底层驱动应用开发多采用 C 语言。C 语言本身是一种高级语言，描述简捷且易用，便于进行数据处理和业务应用开发。C 语言的大部分语句与汇编语句相通，可视为汇编语句的一种变形，因此 C 语句操作机制清晰，处理效率较高，便于进行底层电路的驱动开发。

本章后面的内容用汇编语言和 C 语言同时描述。数据分配以汇编语言为主述，C 语言辅述；而数据处理和流程控制则以 C 语言为主述，汇编语言辅述。

4.1.2　程序的基本要素

程序由数据、运算和流程三者结合构建而成。流程是算法的体现，决定如何执行运算操作；运算是数据的加工，决定如何处理数据；数据是信息的表现和处理的对象，它决定如何进行存储和访问。寄存器和存储器存储数据，ALU 加工数据，控制器控制流程。

程序的四个基本要素是：数据定义、处理语句、流程控制、组织结构。

1. 数据定义

数据定义的实质是完成存储分配，即确定数据的类型(字符、半字、字、双字、多字)和数量，有的决定数据的存储介质与位置。通常采用变量来定义数据，高级语言的变量可以保存在寄存器中，也可以保存在存储器中，而汇编语言中的变量都保存在存储器里。高级语言中的变量名有的代表存储单元，有的代表存储单元的地址；而汇编语言中的变量名就是存储单元的地址。

2．处理语句

处理语句的实质是实现数据的加工，即基本的算术运算(加、减、乘、除)、逻辑运算、移位运算、关系运算和赋值等操作。高级语言的运算语句是面向变量的，一条运算语句可能对应多条汇编语句并涉及多次寄存器或者存储器的数据操作；汇编语言的运算语句是面向 ALU 的，一条语句就是一次操作，涉及一次寄存器和存储器的数据操作。

3．流程控制

流程控制的实质是构建某一功能的处理操作流，即根据数据加工的结果来调整所要执行的操作。常规的处理流程采用三种常用结构：顺序结构、分支结构、循环结构。高级语言有专用的结构构建语句，涉及比较运算和跳转操作；而汇编语言中只能用多个跳转语句来实现程序流程。

4．组织结构

组织结构的实质是将多个功能处理流程有机组合，从而完成一个复杂的功能。常规的组织形式是采用函数或子过程来构建功能模块，通过功能模块互连实现程序的功能。高级语言采用专用的函数或子过程语句来构建，自动完成堆栈操作和参数传递等工作；而汇编语言则通过标号定义和堆栈操作来实现。

表 4-2 是汇编语言和 C 语言部分功能的简单对照。

表 4-2　汇编语言和 C 语言功能对照

功　能	汇 编 语 句	C 语 句
数据定义	DCB, DCW, DCD, DCQ, SPACE	char, short, long, long long, int, [], struct
处理语句	ADD, SUB, MUL, DIV, AND, ORR, EOR, BIC, CMP, LSL, ASR, LSR, MLA, MLS, CMP, TST	+, -, *, /, &. |, ~, ^, >>, <<, ++, --, >, <, >=, <=, ==, !=, &&, ||, !
流程控制	B, BX, CBZ, CBNZ	if-else, switch-case, while, do-while, for, continue, break, goto
组织结构	PROC, ENDP, BL	int func( ), return, func( )

4.1.3　汇编程序结构

1. 分区

在汇编语言中，采用 AREA 对代码和数据分别分区，并指明存储类型。最简单的汇编文件必须包括两个区：保存异常向量表的只读数据区和包含启动程序的只读代码区。

; 只读数据区，区名为 RESET，用于异常向量表，保存在 ROM 中
AREA　RESET，DATA，READONLY
; 只读代码区，区名为系统默认名，保存在 ROM 中
AREA　|.text|，CODE，READONLY

如果需要用 RAM 来保存运算中间需要的数据，那么可以自行添加数据区。例如：

; 可读写数据，区名为 mydata，保存在 RAM 中

AREA   mydata，DATA，READWRITE

如果需要对不同的功能代码进行分区，那么可以自行添加代码区。例如：

; 只读代码区，区名为 mycode，保存在 ROM 中：

AREA   mycode, CODE, READONLY

每个区的首个指令或数据通常都要有标识，如果这个标识被其他文件使用，那么还要再用 EXPORT 语句来声明一次该标识。

2. 异常向量表

异常向量表是在只读存储区中分配的数据，其中第 1 个字保存主栈指针 MSP 的值，第 2 个字保存重启异常服务程序向量标识 Reset_Handler 的值。这里 MSP 的值可以是人为指定的，也可以通过语句来自动分配。

异常向量表首地址标识为 __Vectors。由链接器的配置可知，标识 __Vectors 需要供链接器使用，所以采用 EXPORT 语句来完成，即

AREA   RESET, DATA, READONLY ;异常向量表，重启时映射在地址 0x00000000

EXPORT   __Vectors

__Vectors

; 第一个字为 MSP 的初值

; 第二个字为 Reset_Handler 的值

⋮

; 第 n 个字为异常类型 n-1 的异常服务函数标识的值

⋮

3. 栈和堆

堆栈，简称栈(STACK)，是用户存放程序临时创建的局部数据。由于处理器加电时会自动获得 MSP 的值，因此系统启动时要自动分配一定空间的主堆栈。

堆(HEAP)是运行中被动态分配的存储段，大小并不固定，可动态扩张或缩减。若在程序处理中需要堆，则在系统启动时应分配足够的堆空间。

4. 重启异常服务

假如重启程序代码的首地址标识为 Reset_Handler，如果后续代码作为一个功能整体模块，那么加上 PROC 来进行标识，以 ENDP 作为模块代码的结束。由链接器的配置可知，Reset_Handler 是汇编程序的入口标识，所以加上 ENTRY 语句，并用 EXPORT 语句将 Reset_Handler 设置为链接器可用的标识。

```
    AREA    |.text|, CODE, READONLY
    ENTRY
Reset_Handler    PROC
    EXPORT    Reset_Handler    [WEAK]
    ⋮
    ENDP
```

5. 数据初始化

从存储器使用的角度来看，指令放在 ROM 区，处理过程中所要使用的数据放在 RAM 区，堆栈也要放在 RAM 区。

通常情况下，程序需要构建三类区：只读区(RO 区)、可初始化的读写区(RW 区)和不初始化的读写区(ZI 区)。RO 区中分配异常向量表、程序代码和只读数据，RW 区中分配需初始化的数据，ZI 区中分配不需要初始化的数据。其中，RW 区的数据初值既要保存在 ROM 中以保证数据不丢失，也要保存在 RAM 中供处理器使用。保存在 ROM 中的 RW 区数据的初值在加电后要用指令将它们读出并写到相应的 RAM 中。

存储器有两种视图：一种是加载视图，RO 区和 RW 区均在 ROM 中保存，供加电启动时使用；另一种是执行视图，RO 区在 ROM 中保存，RW 区和 ZI 区在 RAM 中保存，供执行时使用。

存储器的视图和分区如图 4-1 所示。

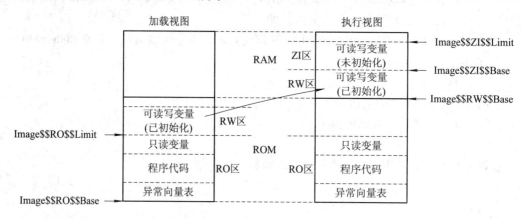

图 4-1　存储器的视图与分区

图 4-1 中，Image$$RO$$Base 是 RO 区执行和装载的起始地址，由链接器中-RO-BASE 参数指定；Image$$RO$$Limit 是 RO 区装载结束地址的后一个地址，同时也是 RW 区装载的起始地址；Image$$RW$$Base 是 RW 区执行的起始地址，由链接器中的-RW-BASE 参数指定；Image$$ZI$$Base 是 ZI 区执行的起始地址；Image$$ZI$$Limit 是 ZI 区执行结束地址的后一个地址。这些地址常量由链接器工作时自动产生。

在使用 RW 区的数据之前一定要完成 RW 区数据的初始化，其实质就是从 ROM 的 RW 区把值复制到 RAM 的 RW 区，并将其中的 ZI 区数据初始化为 0。

复制的操作流程如下：

(1) 把源地址初始化为 Image$$RO$$Limit，把目的地址初始化为 Image$$RW$$Base；

(2) 判定目的地址与 Image$$ZI$$Base 的大小关系；

(3) 当目的地址值小于 Image$$ZI$$Base 时，从源地址取一个字写到目的地址，然后两个地址皆增加 4，再复制下一个字，再执行步骤(2)；

(4) 判定目的地址与 Imag$$ZI$$Limit 的大小关系；

(5) 当目的地址值小于 Imag$$ZI$$Limit 时，向目标地址写 0，地址增加 4，再执行步骤(4)。

4.1.4 集成开发环境

软件开发的三种主要工具是：程序构建工具链、编程器和调试器。一个基本的集成开发环境(IDE)通常都包含这些工具。本书使用 Keil MDK-ARM 进行开发。

1. 程序构建工具链

程序构建工具链把程序翻译成机器指令并存储在一个可执行的文件中。程序构建工具链如图 4-2 所示，其中包含 C 语言的 armcc 编译器、armasm 汇编器和 armlink 链接器，最终的内存映像会在 Arm ELF 形式的可执行文件中给出，文件后缀为.axf。

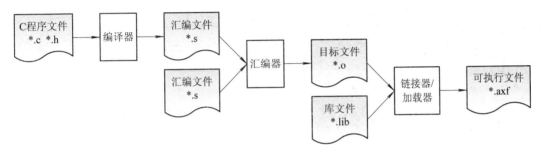

图 4-2　程序构建工具链

使用 IDE 开发软件时，要先建立一个空项目 testcm4。由于本章内容不涉及具体的器件，所以"Device"项选择"ARM"→"ARM Cortex M4"→"ARMCM4"，该器件默认 ROM 开始于地址 0x00000000，空间大小为 0x40000，RAM 开始于地址 0x20000000，空间大小为 0x20000。

接下来向空项目中新建或添加源文件。新建汇编文件 startup.s，进行系统初始化和测试汇编程序的编制，还可以新建一个 test.c，用来编制 C 语言程序，如图 4-3 所示。

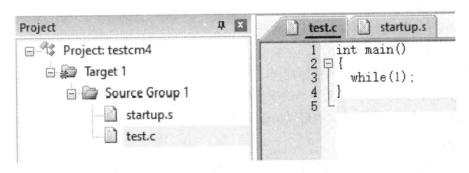

图 4-3　新建工程

最后编译、汇编及链接生成可执行文件。

编译器、汇编器采用 IDE 提供的默认设置选项。链接器配置如图 4-4 所示。

在链接器的选项中规定了启动代码的地址及特定标识。控制字符串中的关键信息如下：

- --ro-base 0x00000000 表明只读区从地址 0x00000000 开始分配；
- --rw-base 0x20000000 表明可读写区从地址 0x20000000 开始分配；
- --first__Vectors 表明最先分配标号为__Vectors 的存储空间；

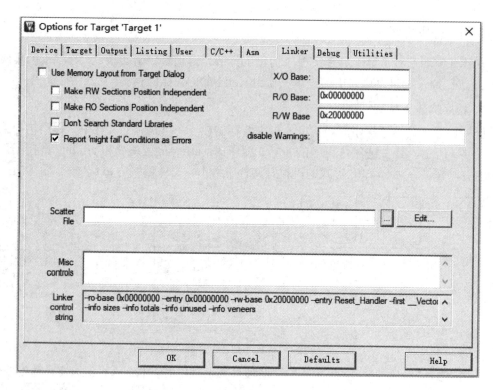

图 4-4　链接器配置

- --entry Reset_Handler 表明汇编程序的入口点标识是 Reset_Handler；
- --list ".\Listings\testcm4.map"表明会生成程序中存储地址分配文件 testcm4.map；
- -o .\Objects\testcm4.axf 表明最后输出可执行文件 testcm4.axf。

2. 编程器

当微处理器上电或复位时，无法将程序加载到存储器中，因此程序必须提前写在存储器中。程序存储器是非易失性的，在断电的情况下也能保存所存储的内容。

编程器根据可执行文件的描述把程序放入微处理器的存储器中。它有硬件和软件两部分，硬件连接到 Cortex-M4 处理器的串行线调试(SWD)接口来使能存储器用于编程；软件部分可以是一个独立的程序，也可以构建于 IDE 中。

3. 调试器

调试器使开发者在处理器运行程序时能够控制程序执行和测试程序状态，如当前指令、处理器中寄存器的值以及存储器的数据。IDE 提供两种用于调试的工具：一种是软仿真器，它可以不需要开发电路板；另一种是专用的调试器，它需要对应的开发电路板。

调试界面如图 4-5 所示，包括源程序、反汇编(Disassembly)、寄存器组(Registers)、存储器(Memory)和调试操作工具等部分，详细描述可参考 IDE 的帮助手册。

调试参数设置界面如图 4-6 所示，可用软仿真器调试，也可用专用调试器调试。若想要加载后自动运行 C 程序的 main 函数，则选中"Run to main()"，否则取消选择。

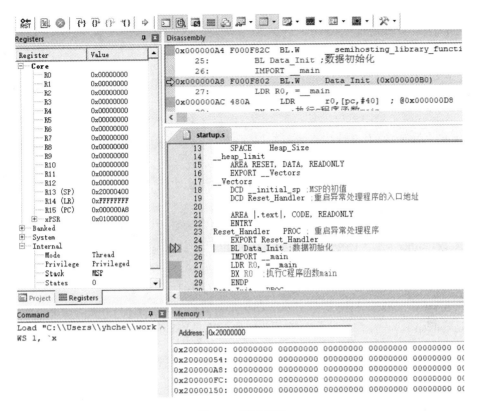

图 4-5   调试界面

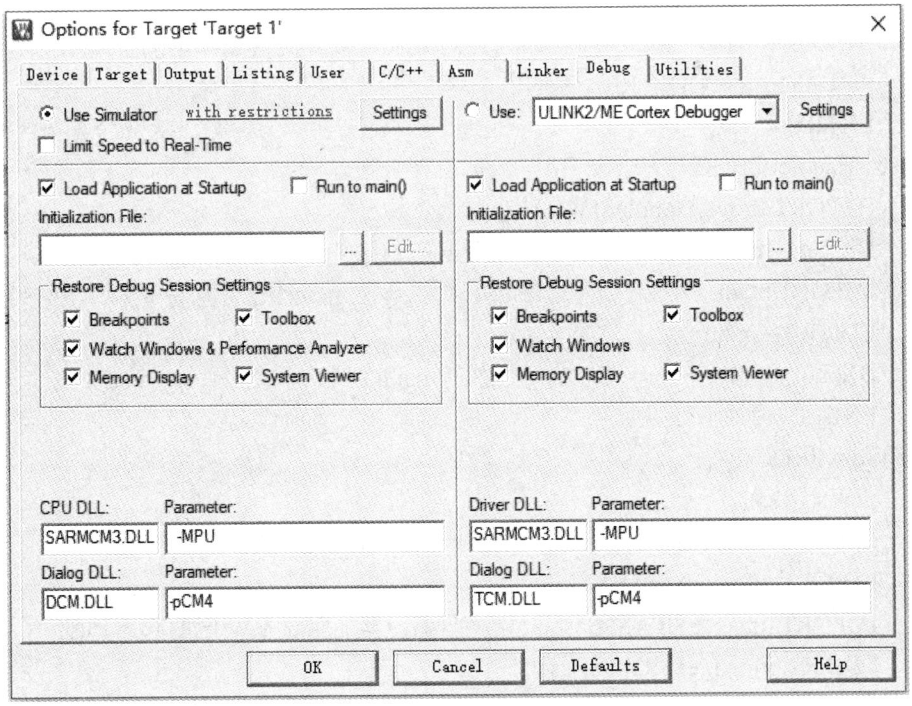

图 4-6   调试参数设置界面

4.1.5 启动程序结构

启动文件有三个基本步骤:

(1) 在可读写数据区中定义堆栈,保存在 RAM 中。

(2) 在只读数据区中定义异常向量表,保存在 ROM 中。

(3) 在代码区中给出重启异常服务函数,保存在 ROM 中。在重启异常服务函数中,先进行基本设备初始化(采用默认设置时可以忽略),再进行变量初始化,最后跳转至用户主程序。

这里重启异常服务函数通常采用汇编语言,而用户程序可以采用汇编语言、C 语言或两者的联合。

本书所用的启动文件为 startup.s,重启异常服务函数为 Reset_Handler,其中变量初始化函数为 DataInit,用户主函数为 main。启动程序代码如下:

```
Stack_Size EQU 0x400
    AREA STACK, DATA, READWRITE, ALIGN=3
    SPACE    Stack_Size              ;1024 字节的空间分配
__initial_sp                        ;栈底,也是栈顶的初始地址
    AREA RESET, DATA, READONLY
    EXPORT __Vectors
__Vectors
    DCD      __initial_sp           ;MSP 的初值
    DCD      Reset_Handler          ;重启异常处理程序的入口地址
    ;此处可用 DCD 增加所需要的异常向量表,最大支持 254 字的空间
    AREA |.text|, CODE, READONLY
    ENTRY
Reset_Handler PROC                  ;重启异常处理程序
    EXPORT Reset_Handler [WEAK]
    BL Data_Init                    ;数据初始化
    IMPORT main                     ;用户主函数 main()的地址
    LDR R0, =main
    BX R0                           ;执行 main 函数
    ENDP
Data_Init PROC
    ;RW 区装载
    IMPORT |Image$$RO$$Limit|       ;声明编译器的常量 RW 区的初值保存的起始地址
    LDR R0, =|Image$$RO$$Limit|
    IMPORT |Image$$RW$$Base|        ;声明编译器的常量 RW 区的起始地址
    LDR R1, =|Image$$RW$$Base|
    IMPORT |Image$$ZI$$Base|        ;声明编译器的常量 ZI 区的起始地址
    LDR R2, =|Image$$ZI$$Base|
```

;RW 区复制，从 ROM 复制到 RAM 中

LOOPRW

    CMP R1, R2   ;将当前准备写的地址与结束地址进行比较

    LDRCC R3, [R0], #4   ;若 R2 比 R1 小，则从源地址读取一字后源地址增 4

    STRCC R3, [R1], #4   ;若 R1 比 R2 小，则向目的地址写存一字后目的地址增 4

    BCC LOOPRW   ;R1 比 R2 小，则重复执行

    ;ZI 区执行，对 RAM 中未初始化的参量进行清 0 操作

    IMPORT |Image$$ZI$$Limit| ;声明编译器的常量

    LDR R2, =|Image$$ZI$$Limit|

    LDR R0, =0

LOOPZI

    CMP R1, R2

    STRCC R0, [R1], #4

    BCC LOOPZI

    ;数据初始化完成

    BX LR

    ENDP

    ALIGN ;地址对齐

    END

用户主函数可以是汇编语言 main 函数，也可以是 C 语言 main 函数，二者只能选其一。

由于本书采用 C 语言只是为了与汇编语言配合进行教学，所以主要侧重于标准 C 语言的基本语法和规则，不涉及标准库。若采用 C 语言进行复杂操作，则需要采用开发软件提供的标准启动文件和配置。

4.2　数　据　定　义

4.2.1　常量

常量是表示具体数值的字符串。汇编程序中的标号代表数据或指令的地址，本身就是常量。例如：

    op1   MOV R0, R1

其中，op1 是常量，标识指令时，它所表示的值为该指令的存储地址+1，可以直接使用该常量。例如：

    LDR R2, =op1

该指令的作用是将立即数(op1 所代表的数值)保存在 R2 中。

除标号之外，还可以采用 EQU 语句来定义常量，即

    const EQU 值

相当于 C 语言中的#define 语句，即

    #define const 值

例如：定义常量 Len 值为 10，使用汇编语句为

Len EQU 10

相应地，C 语言语句为

#define Len 10

这里要注意的是，EQU 语句只定义了一个符号名 Len 并代表其一个指定的值，但不分配存储空间。

4.2.2　变量

变量的实质是一个存储空间。m 字节的空间可以采用 SPACE 语句来定义，即

SPACE m

存储空间的类型可以定义为字节、半字、字和双字四种类型之一，分别采用 DCB、DCW、DCD、DCQ 来定义一定数量的不同类型的数据单元。例如：

DCQ 0　;定义一个八字节空间，初值为 0，相当于 C 语言中的 long long 类型变量

DCD 0　;定义一个四字节空间，初值为 0，相当于 C 语言中的 long 类型变量

DCW 0　;定义一个双字节空间，初值为 0，相当于 C 语言中的 short 类型变量

DCB 0　;定义一个字节空间，初值为 0，相当于 C 语言中的 char 类型变量

存储空间的类型决定了每个变量的空间大小和地址分配规则：双字和字变量从 4 的倍数地址开始分配，半字变量从偶数地址开始分配，字节变量可以从任何地址开始分配。

在存储空间的定义语句前面加上标号来标识此存储空间，标号称为变量名，它表示此存储空间的首地址，是一个常量。表 4-3 给出了变量定义示例，图 4-7 是变量的存储空间分配示意图。

表 4-3　变量定义示例

功　能	汇编语言		C 语　言
定义 1 个双字变量	a	DCQ 0	long long a=0;或 unsigned long long a=0;
定义 1 个字变量	b	DCD 0	long b=0; 或 unsigned long b=0;
定义 1 个半字变量	c	DCW 0	short c=0; 或 unsigned short c=0;
定义 1 个字节变量	d	DCB 0	char d=0; 或 unsigned char d=0;
定义 1 个字变量，用于存储字变量的地址	e	DCD b	int *e=&b; 或 unsigned int *e=&b;

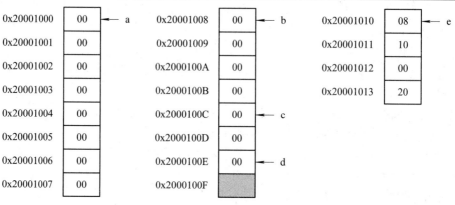

图 4-7　变量的存储空间分配示例

图 4-7 中，在分配变量 e 时，由于分配地址需要从 4 的倍数地址开始，因此跳过 0x2000100F 字节单元，从 0x20001010 开始分配。

汇编语言中变量的实质是存储空间[a]，变量名 a 则是该存储空间的首地址。在 C 语言中，变量名 a 代表存储空间，&a 表示存储空间的首地址，*(类型*)a 表示以 a 值为地址的某类型存储空间。

变量赋值操作语句如表 4-4 所示，其中变量名作为地址常量，赋值至寄存器中作为基地址，用作加载指令和存储指令中的存储寻址。

图 4-8 是表 4-4 中变量赋值语句执行后的存储空间分布示意图。

表 4-4　变量赋值语句示例语句

功　　能	汇 编 语 言	C 语 言

对 64 位变量赋值 0x123456789ABCDEF0	LDR R0, =0x9ABCDEF0
	LDR R1, =0x12345678
	LDR R2, =a
	STRD R0, R1, [R2]
		a = 0x123456789ABCDEF0;

对 32 位变量赋值 0x11223344	LDR R1, =0x11223344
	LDR R2, =b
	STR R1, [R2]
		b = 0x11223344;

对 16 位变量赋值 0x5678	LDR R1, =0x5678
	LDR R2, =c
	STRH R1, [R2]
		c = 0x5678;

对 8 位变量赋值 0x78	LDR R1, =0x78
	LDR R2, =d
	STRB R1, [R2]
		d = 0x78;

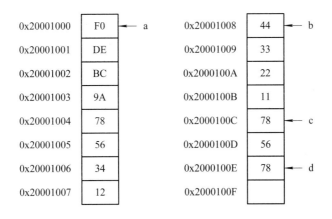

图 4-8　变量赋值语句的执行结果

表 4-5 给出了变量值赋给变量、变量地址赋给变量和变量部分值赋给变量三种操作的语句，图 4-9 是赋值操作的结果。

表 4-5　变量参数赋值语句

功　能	汇编语言	C 语言

将变量 b 的值赋给变量 a	LDR R2, =b
	LDR R0, [R2]
	LDR R2, =a
	STR R0, [R2]
		a = b;

将变量 a 的地址值赋给变量 b	LDR R1, =a
	LDR R2, =b
	STR R1, [R2]
		b = (long)&a;

将变量 c 的高字节赋给变量 d	LDR R2, =c
	LDRB R1, [R2, #1]
	LDR R0, =d
	STR R1,[R0]
		d = *((char*) &c + 1);

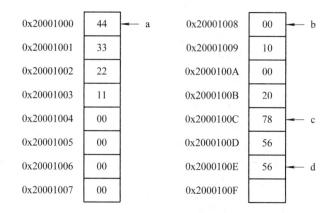

图 4-9　变量参数赋值语句的执行结果

加载和存储指令只关心存储空间的地址，而变量更方便程序设计，汇编语言中赋值操作可跨越变量定义的约束。例如，定义四个字符型变量，变量名分别为 a、b、c 和 d，代码如下：

```
a    DCB 0 ; char a;
b    DCB 0 ; char b;
c    DCB 0 ; char c;
d    DCB 0 ; char d;
```

如果将 0x12、0x34、0x56 和 0x78 分别赋给 a、b、c 和 d 所指的四个存储空间，那么可以采用如表 4-6 所示的程序来实现。

表 4-6　4 字节变量赋值语句

功　能	汇　编　语　言	C　语　言

[a]←0x12	LDR R1, =0x12
	LDR R0, =a
	STRB R1, [R0]
		a = 0x12;

[b]←0x34	LDR R1, =0x34
	LDR R0, =b
	STRB R1, [R0]
		b = 0x34;

[c]←0x56	LDR R1, =0x56
	LDR R0, =c
	STRB R1, [R0]
		c = 0x56;

[d]←0x78	LDR R1, =0x78
	LDR R0, =d
	STRB R1, [R0]
		d = 0x78;

以上程序设计是基于变量定义的，所以要逐个变量进行操作。从存储器角度来看，它是向 4 字节存储单元写四个数，因此，也可以采用如表 4-7 所示的一条字存储操作指令来完成相同的功能。

表 4-7　1 字存储 4 字节空间语句示例

功　能	汇　编　语　言	C　语　言

[a]←0x78563412	LDR R1, =0x78563412
	LDR R0, =a
	STR R1, [R0]
		(long)&a = 0x78563412;

4.2.3　数组变量

多个相同类型的变量按顺序排列即构成数组变量，数组变量名为数组变量的首地址。C 语言采用"[ ]"来定义数组变量，其变量名也是数组变量的首地址。数组变量定义如表 4-8 所示。

表 4-8　数组变量定义语句

功　能	汇　编　语　言		C　语　言
定义字节数组	c	DCB 0, 0, 0	unsigned char c[]={0, 0, 0};
定义半字数组	b	DCW 0, 0, 0, 0, 0	unsigned short b[]={0, 0, 0, 0, 0};
定义字数组	a	DCD c, b, a, 0	long a[]={(long)c, (long)b, (long)a, 0};

对数组进行赋值操作，通常采用基址＋偏移量寻址方式。汇编语言中，基址取变量名，偏移量以字节为单位，其值＝序号×类型尺寸，字节、半字、字和双字的类型尺寸分别为

1、2、4、8。而在 C 语言中，其偏移量只是相差的同类型变量的个数，由编译器自动计算物理偏移地址。赋值语句如表 4-9 所示。

表 4-9　采用基址+偏移量寻址的数组变量赋值语句

功　能	汇编语言	C 语言

字数组 a 的第 3 个变量赋值 0x12345678	LDR R0, =0x12345678
	LDR R1, =a
	STR R0, [R1, #2*4]
		a[2] = 0x12345678;
		或
		*(a + 2) = 0x12345678;

半字数组 b 的第 5 个变量赋值 0x1234	LDR R0, =0x1234
	LDR R1, =b
	STRH R0, [R1, #4*2]
		b[4] = 0x1234;
		或
		*(b + 4) = 0x1234;

字节数组 c 的第 1 个变量赋值 0x12	LDR R0, =0x12
	LDR R1, =c
	STRB R0, [R1, #0]
		c[0] = 0x12;
		或
		*c = 0x12;

　　数组是对存储空间编程的一种抽象描述，它是面向数据处理的，但对于存储器来说，不同类型变量的定义都可以实现相同的存储。

　　例如，1 个 4 字节的存储空间可以采用不同的定义方式来实现，如表 4-10 所示。

表 4-10　4 字节存储空间的多种定义示例

功　能	汇编语言	C 语言
1 个字	a DCD 0x12345678	long a = 0x12345678;
1 个含 2 个半字的数组	a DCW 0x5678, 0x1234	short a[]={0x5678, 0x1234};
1 个含 4 字节的数组	a DCB 0x78, 0x56, 0x34, 0x12	char a[]={0x78,0x56,0x34,0x12};
1 个半字和 1 个含 2 字节的数组	a DCW 0x5678 b DCB 0x34, 0x12	short a = 0x5678; char b[]={0x34, 0x12};
1 个含 2 字节的数组和 1 个半字	a DCB 0x78, 0x56 b DCW 0x1234	char a[]={0x78, 0x56}; short b = 0x1234;

4.2.4　指针变量

　　在 C 语言中可以定义指针变量来保存变量的地址，C 语言中的指针变量的值对应着汇编语言中的地址。在汇编语言看来，指针变量就是一个普通的字型变量，只是这个字型存储单元用来保存其他变量的地址。

　　对某类型<type>的指针变量 p 赋值时，通过取地址运算获得该类型变量 a 的地址，即 p=&a；对于该类型的数组变量 x，数组变量名本身就是地址(指针常量)，可直接使用，即 p=x;对于指定地址值 N 的存储空间，可以直接赋立即数，即 p=(<type>*)N。指针变量的定义语句如表 4-11 所示。

表 4-11　指针变量定义示例

功　能	C 语言	汇编语言
定义指针变量	short x[4]; short *p;	x　SPACE 4*2 p　DCD 0

指针变量赋值	p=x;	LDR R0, =x
		LDR R1, =p
		STR R0, [R1]

指针变量对应的存储空间赋值	*p=2	LDR R0, =2
		LDR R1, =p
		LDR R1, [R1]
		STRH R0, [R1]

对指针变量指向的存储空间赋值后指针变量自增	*p++=2;	LDR R0, =2
		LDR R1, =p
		LDR R2, [R1]
		STRH R0, [R2], #2
		STR R2, [R1]

指针变量自增后再对其指向的存储空间赋值	*++p=2;	LDR R0, =2
		LDR R1, =p
		LDR R2, [R1]
		STRH R0, [R2, #2]!
		STR R2, [R1]

4.2.5　结构体变量

多个不同类型的变量按顺序排列就构成了结构体变量，结构体变量名为结构体变量的首地址。C 语言采用"struct { }"来定义结构体类型，进而定义变量。表 4-12 给出了两种语言对结构体变量的描述。

表 4-12　结构体变量的定义

功　能	汇编语言	C 语言
1 个变量内含 1 个字、1 个半字和 1 个字节	a　DCD 0 　　DCW 0 　　DCB 0	struct { unsigned long x; unsigned short y; unsigned char z;} a;

在汇编语句中，结构体内的变量没有名称，访问这些变量时通常采用偏移量，即每个变量的地址与结构体变量名的差值。为了方便使用，把每个变量的偏移量定义为常量。例如：

X　　EQU 0
Y　　EQU 4
Z　　EQU 6

使用结构体类型时，以变量名为基地址，联合结构体内变量名的偏移量进行寻址。表 4-13 为结构体变量的赋值操作示例。

表 4-13 结构体变量的赋值操作

功　　能	汇编语言	C 语言

将 0x12345678、0x9ABC 和 0xDE 分别保存在变量 a 中	LDR R1, =a
	LDR R0, =0x12345678
	STR R0, [R1, #X]
	LDR R0, =0x9ABC
	STRH R0, [R1, #Y]
	LDR R0, =0xDE
	STRB R0, [R1, #Z]
		a.x=0x12345678;
		a.y=0x9ABC;
		a.z=0xDE;

4.2.6　变量共用

变量的实质是存储空间，因此无论何种类型的变量，对于处理器来说就是一定大小的存储空间。类型只是对存储空间进行的一种应用划分。对于某固定的存储空间，可以采用不同的类型来定义，相当于同一物理体可有多个不同的描述方式，从而使所保存的数据可通过不同的访问方式访问。

例如，一个字变量可以采用几种方式来描述，如表 4-14 所示。

表 4-14 变量的不同描述方式示例

功　　能	汇编语言	C 语言
1 个字	a　DCD 0	long a;
2 个半字	a　DCW 0 　DCW 0	struct { short x; short y;} a;
1 个含 2 半字的数组	a　DCW 0, 0	short a[2];
4 字节	a　DCB 0 　DCB 0 　DCB 0 　DCB 0	struct { char x; char y; char z; char w;} a;
1 个含 4 字节的数组	a　DCB 0, 0, 0, 0	char a[4];
1 个半字和 1 个含 2 字节的数组	a　DCW 0 　DCB 0, 0	struct { short x; char y[2];} a;
1 个半字和 2 字节	a　DCW 0 　DCB 0 　DCB 0	struct { short x; char y; char z;} a;
1 个含 2 字节的数组和 1 个半字	a　DCB 0, 0 　DCW 0	struct { char x[2]; short y;} a
2 字节和 1 个半字	a　DCB 0 　DCB 0 　DCW 0	struct { char x; char y; short z;} a;

4.3 数 据 处 理

微处理器的所有数据运算均在寄存器中进行，即数据要先加载到寄存器中再运算，其运算结果也保存在寄存器中，之后用存储指令将结果值保存到相应的存储单元。

4.3.1 符号扩展加载

数据有有符号和无符号之分，其值也不同。当数据被加载到寄存器时，对于有符号数而言，需要扩展符号位来保证其符号位有效。两种数的保存格式对比如表4-15所示。

表4-15 有符号数与无符号数的保存格式

数据定义		DCB 0xFF	DCW 0xFFFF	DCD 0xFFFFFFFF
无符号	数值	255	65535	4294967295
	寄存器	0x000000FF	0x0000FFFF	0xFFFFFFFF
有符号	数值	−1	−1	−1
	寄存器	0xFFFFFFFF	0xFFFFFFFF	0xFFFFFFFF

因此，在加载字节和半字有符号数时，分别采用 LDRSB 和 LDRSH 指令。表4-16给出了字节、半字和字型三种类型变量作为无符号数和有符号数时的加载和保存语句。

表4-16 无符号数与有符号数的加载和保存

功能	汇编语言	C 语 言	汇编语言	C 语 言
	无符号数		有符号数	

变量定义	x DCB 0xF0
	y DCW 0x1000
	z DCD 0
		unsigned char x=0xF0;
		unsigned short y=0x1000;
		unsigned long z=0;
			x DCB 0xF0
			y DCW 0x1000
			z DCD 0
				char x=0xF0;
				short y=0x1000;
				long z=0;

变量读取	LDR R0, =x
	LDRB R0, [R0]
	LDR R1, =y
	LDRH R1, [R1]
	LDR R2, =z
	LDR R2, [R2]
			LDR R0, =x
			LDRSB R0, [R0]
			LDR R1, =y
			LDRSH R1, [R1]
			LDR R2, =z
			LDR R2, [R2]	

变量保存	LDR R0, #N
	LDR R1, =z
	STR R0, [R1]
		z=N	LDR R0, #N
			LDR R1, =z
			STR R0, [R1]
				z=N

对于已经存在寄存器中的数据，可以采用数据展开运算指令 SXTB、SXTH、UXTB、UXTH 将数据扩展成所需要的数。

4.3.2 数据运算

数据运算主要包括算术运算、移位运算、位逻辑运算、关系运算和逻辑运算。

算术运算、移位运算和位逻辑运算都有对应的汇编指令。

关系运算是比较两个量值之间的大小关系，从逻辑角度来看，则是一个命题。关系成立时运算结果为逻辑"真"，不成立时运算结果为逻辑"假"。故关系运算的结果是一种逻辑量，其值为"真"和"假"。通常用零值来代表"假"，用非零值来代表"真"。

逻辑运算是对逻辑量进行与、或、非运算，逻辑与和逻辑或可采用位逻辑来计算，但逻辑非需要采用条件指令来实现。

假定变量 x、y 和 z 的值分别保存在 R0、R1 和 R2 中。表 4-17 列出了各类运算的汇编语句和相应的 C 语言描述。

表 4-17　数据运算示例

运算	功能	C 语言	汇 编 语 言	功能	C 语言	汇 编 语 言
算术	加	z=x+y	ADD R2, R0, R1	减	z=x−y	SUB R2, R0, R1
	乘	z=x*y	MUL R2, R0, R1	除	z=x/y	U/SDIV R2, R0, R1
	乘累加	z=z+x*y	MLA R2, R2, R0, R1	乘累减	z=z−x*y	MLS R2, R2, R0, R1
移位	左移	z=x<<y	LSL R2, R0, R1	右移	z=x>>y	L/ASR R2, R0, R1
位逻辑	与	z=x&y	AND R2, R0, R1	或	z=x|y	ORR R2, R0, R1
	非	z=~x	MVN R2, R0	异或	z=x^y	EOR R2, R0, R1

关系	大于	z=x>y	CMP R0, R1
			MOVLS R2, #0
			MOVHI R2, #1
			
			CMP R0, R1
			MOVLE R2, #0
			MOVGT R2, #1
				小于	z=x<y	CMP R0, R1
						MOVHS R2, #0
						MOVLO R2, #1
						
						CMP R0, R1
						MOVGE R2, #0
						MOVLT R2, #1

	不小于	z=x>=y	CMP R0, R1
			MOVHS R2, #1
			MOVLO R2, #0
			
			CMP R0, R1
			MOVGE R2, #1
			MOVLT R2, #0
				不大于	z=x<=y	CMP R0, R1
						MOVLS R2, #1
						MOVHI R2, #0
						
						CMP R0, R1
						MOVLE R2, #1
						MOVGT R2, #0

	等于	z=x==y	CMP R0, R1
			MOVEQ R2, #1
			MOVNE R2, #0
				不等于	z=x!=y	CMP R0, R1
						MOVEQ R2, #0
						MOVNE R2, #1

逻辑	逻辑与	z=x&&y	AND R2, R0, R1	逻辑非	z=!x	CMP R0, #0
						MOVNE R2, #0
						MOVEQ R2, #1

	逻辑或	z=x||y	ORR R2, R0, R1			

4.3.3 运算数据存储

在复杂的数据处理和运算中需要保存大量临时数据，仅靠寄存器保存数据是远远不够的，还需要将数据临时保存在存储器中。当采用分配的变量保存数据时，存取数据需要取地址和读写数据两条指令来完成。当采用堆栈保存时，则不需要取地址指令，只需要根据地址偏移量，使用读写数据一条指令即可，且存储空间可以被反复利用。

例如，变量 a、b、c 和 d 的值保存在寄存器 R0、R1、R2 和 R3 中，编程实现运算式 ab+ac+ad+bc+bd+cd 的计算。计算过程可以全部使用寄存器，则需要额外增加寄存器 R4 和 R5。如果只允许使用寄存器 R0、R1、R2 和 R3，那么需要使用堆栈来保存中间的计算值。表 4-18 给出了两种方式来实现上述运算。

表 4-18　运算数据的存储示例

功　　能	使 用 寄 存 器	使 用 堆 栈
ab+ac+ad+bc+bd+cd	MUL R4, R0, R1 ; a*b	PUSH {R2, R3}
	MUL R5, R0, R2 ; a*c	MUL R2, R0, R2 ; a*c
	ADD R4, R4, R5	MUL R3, R0, R3 ; a*d
	MUL R5, R0, R3 ; a*d	MUL R0, R0, R1 ; a*b
	ADD R0, R4, R5	ADD R2, R2, R3
	MUL R4, R1, R2 ; b*c	ADD R0, R0, R2
	ADD R0, R0, R4	POP {R2, R3}
	MUL R4, R1, R3 ; b*d	PUSH {R0}
	ADD R0, R0, R4	MUL R0, R1, R2 ; b*c
	MUL R4, R2, R3 ; c*d	MUL R1, R1, R3 ; b*d
	ADD R0, R0, R4	MUL R2, R2, R3 ; c*d
		POP {R3}
		ADD R0, R0, R1
		ADD R0, R0, R2
		ADD R0, R0, R3

由表 4-18 可知，通过寄存器与堆栈相互配合，可实现任意复杂的运算。由于堆栈操作是存储器访问，而访问存储器通常比访问寄存器的速度慢，因此，如果微处理器连接了不同存储器，那么注意将堆栈分配在访问速度较快的存储器中。

4.4　流 程 结 构

程序处理流程可分为三种结构：顺序结构、分支结构和循环结构。下面主要介绍分支结构和循环结构。

4.4.1 分支结构

分支结构有四种主要结构，即单分支结构、双分支结构、多分支结构和开关结构，如

图 4-10 所示。

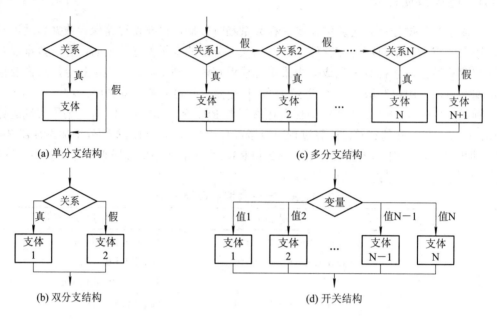

图 4-10　四种分支结构图

1. 单分支结构

单分支结构是"若-则"结构，由一个关系和一个分支体构成。只有关系为真时才执行分支体的语句，相当于 C 语言中的 if 语句，即

if(<cond>)

{

//关系为真时要执行的语句

}

假定变量 x 和 y 的值分别保存在 R0 和 R1 中，变量 z 的地址保存在 R2 中，表 4-19 是一个单分支结构程序示例。

表 4-19　单分支结构程序示例

处理流程图	C 语言	汇编语言	

	if(x>y)
	{
	　z=z+1;
	}
		CMP R0, R1
		BLE op0
		LDR R3, [R2]
		ADD R3, #1
		STR R3, [R2]
		op0
			CMP R0, R1
			ADDGT R3, R3, #1
			STRGT R3, [R2]

2. 双分支结构

双分支结构是"若-则-否则"结构，由一个关系和两个分支体构成。若关系为真，则执行支体 1 的语句，否则执行支体 2 的语句。双分支结构相当于 C 语言中的 if-else 语句，即

if(<cond>)

{

//关系为真时要执行的语句

}

else

{

//关系为假时要执行的语句

}

假定变量 x 和 y 的值分别保存在 R0 和 R1 中，变量 z 的地址保存在 R2 中，表 4-20 是一个双分支结构程序示例。

表 4-20　双分支结构程序示例

处理流程图	C 语言	汇 编 语 言	

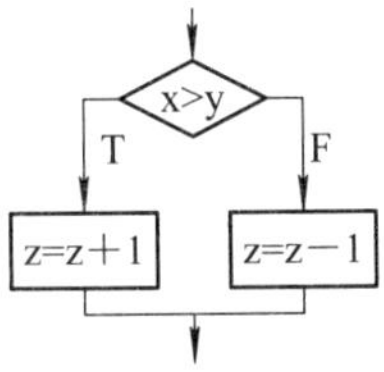	if (x>y)
	{
	　z=z+1;
	}
	else
	{
	　z=z-1;
	}
		CMP R0, R1
		BLE op0
		LDR R3, [R2]
		ADD R3, #1
		STR R3, [R2]
		B op1
		op0
		LDR R3, [R2]
		SUB R3, #1
		STR R3, [R2]
		op1
			LDR R3, [R2]
			CMP R0, R1
			ADDGT R3, #1
			SUBLE R3, #1
			STR R3, [R2]

3. 多分支结构

多分支结构是"若-则-否则若-则…"结构，由多个关系和多个分支体构成。若关系 1 为真，则执行支体 1 的语句，否则若关系 2 为真，则执行支体 2 的语句，否则……相当于 C 语言中的 if-elseif-else 语句，即

if (<cond1>)

{

//关系 1 为真时要执行的语句

}

else if (<cond2>)

{

//关系 1 为假但关系 2 为真时要执行的语句

}

else if (<cond3>)

⋮

else

{

//所有关系都为假时要执行的语句

    }

假定变量 x 保存在 R0 中，变量 y 和 z 的地址分别保存在 R1 和 R2 中，表 4-21 是一个多分支结构程序示例。

表 4-21　多分支结构程序示例

处 理 流 程	C 语 言	汇 编 语 言	
	if(x==0)		CMP R0, #0
	{		BNE op0
	y=1;		LDR R3, =1
	z=1;		STR R3, [R1]
	}		STR R3, [R2]
	else if (x<=2)		B op_end
	{	op0	CMP R0, #2
	y=2;		BGT op1
	z=3;		LDR R3, =2
	}		STR R3, [R1]
	else		LDR R3, =3
	{		STR R3, [R2]
	z=4;		B op_end
	}	op1	LDR R3, =4
			STR R3, [R2]
		op_end	

（处理流程图：x==0 判断，T 分支执行 y=1 z=1；F 分支到 x<=2 判断，T 分支执行 y=2 z=3，F 分支执行 z=4）

4. 开关结构

开关结构根据某一变量或变量表达式的值来选择相应的分支体，相当于若变量或变量表达式的值为某值，则执行相应的分支体。

C 语言中采用 switch 语句，即

```
switch(<expr>)
{
    case <val_0>:
        ：  //值为 val_0 时要执行的语句
    case <val_1>:
        ：  //值为 val_1 时要执行的语句
    case <val_N>:
        ：  //值为 val_N 时要执行的语句
    default:
        ：  //其他值时要执行的语句
}
```

由于分支是基于数值的，因此可以采用查表跳转指令来实现该分支结构。用支体 b_m 的地址偏移量构成前向跳转偏移表，采用 TBB/TBH 指令，根据数值 m 取出表中相应的偏移量 b_m_offset，由 PC 与偏移量共同计算出分支体的地址再赋给 PC，从而完成支体 b_m

的选择。

前向跳转偏移表放在指令 TBB/TBH 之后，由于 TBB/TBH 为 32 位指令，执行指令时，前向跳转偏移表的首地址恰好是 PC 的值，因此直接使用 PC 值作为前向跳转偏移表的基地址。

图 4-11 给出了使用 TBB 和 TBH 两条指令实现开关结构时的存储空间分配示意图。

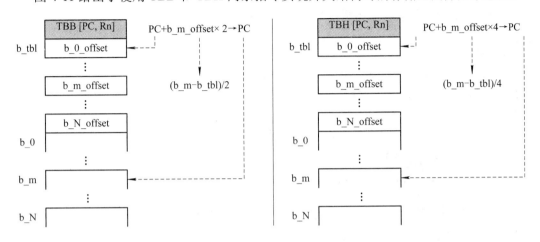

图 4-11　查表跳转指令实现开关结构时的存储空间分配

假定变量 x 的值保存在 R0 中，变量 y 的地址保存在 R1 中，表 4-22 是一个开关结构的程序示例。

表 4-22　开关结构程序示例

处 理 流 程	C 语言	汇 编 语 言
	switch(x)	CMP R0, #2
	{	MOVHI R0, #3
	case 0:	TBB [PC, R0]
	y=1;	b_tbl
	break;	DCB ((b_0-b_tbl)/2)
	case 1:	DCB ((b_1_2-b_tbl)/2)
	case 2:	DCB ((b_1_2-b_tbl)/2)
	y=2;	DCB ((b_3-b_tbl)/2)
	break;	b_0
	default:	LDR R2, =1
	y=0;	STR R2, [R1]
	}	B b_end
		b_1_2
		LDR R2, =2
		STR R2, [R1]
		B b_end
		b_3
		LDR R2, =0
		STR R2, [R1]
		b_end

由表 4-22 可看出，值为 0、1、2、3 时分别执行支体 0、支体 1、支持 2 和支体 3，其中支体 1 和支体 2 重合。每个支体结束后都会归于同一语句。在 C 语言中，支体结束采用 break 语句。

由于汇编语言采用的是查表跳转，不允许序号值超出范围，否则会出现跳转出错，所以，对于不在偏移表中出现的序号值，必须在使用查表跳转指令前对序号值进行处理，这相当于 C 语言中的 default 语句支体。

4.4.2 循环结构

循环结构有三种基本结构，即当型、直到型和计数型，如图 4-12 所示。三种循环方式面向不同的应用流程描述，其本质都是比较执行。

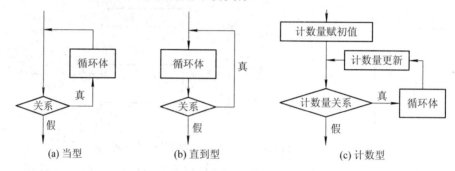

图 4-12　三种循环结构示意图

1. 当型循环

在当型循环结构中，当关系为真时执行循环体，即执行循环体前先检测关系是否为真，是则执行循环体，否则结束。其 C 语言语句为

while(<逻辑量>)

{

//循环体;

}

表 4-23 是一个求字符串长度的程序示例。字符串是连续保存字符的字节存储空间，字符串的结束符为值 0。字符串保存在变量名为 x 的字节型数组变量中，x 的值保存在 R0 中。所计算得到的长度保存在字型变量 y 中，y 的地址保存在 R1 中。

表 4-23　当型循环结构示例

字符串存储	处理流程	C 语言	汇编语言
		char *p=x;	MOV R2, #0
x → 'H'	p=x	y=0;	loop
'E'	y=0	while(*p)	LDRB R3, [R0], #1
'L'	p=p+1	{	CBZ R3, loop_end
'L'	y=y+1	y++;	ADD R2, #1
'O'	*p!=0 T	p++;	B loop
00	F	}	loop_end
			STR R2, [R1]

2. 直到型循环

在直到型循环结构中，处理器执行循环体直到关系为假，即执行循环体后检测关系是否为真，是则再执行循环体，否则结束。其 C 语言语句为

do

{

//循环体;

} while(<逻辑量>);

表 4-24 是一个求字符串长度的程序示例。字符串保存在变量名为 x 的字节型数组变量中，x 的值保存在 R0 中。所计算得到的长度保存在名为 y 的字型变量中，y 地址保存在 R1 中。

表 4-24　直到型循环结构示例

处 理 流 程	C 语言	汇编语言

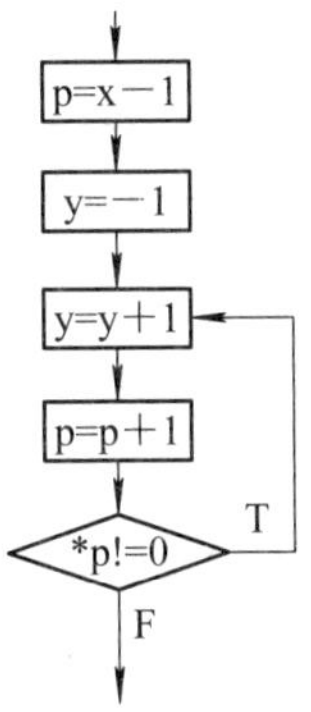	char *p=x-1;
	y=-1;
	do{
	　y++;
	　p++;
	}while(*p);
		SUB R0, #-1
		MOV R2, #-1
		loop
		ADD R2, #1
		LDRB R3, [R0], #1
		CMP R3, #0
		BNE loop
		STR R2, [R1]

3. 计数型循环

在计数型循环结构中，采用计数量确定循环次数，执行前对计数量赋初值，每次执行循环体前检测计数量是否达到规定数值，每次执行完循环体后计数量更新。其 C 语言语句为

for(<计数量>=<初值>; <执行循环体的关系>; <循环量更新表达式>)

{

//循环体;

}

表 4-25 是求 $s = \sum\limits_{i=0}^{N} i$ 的程序示例，其中字型变量 s 的地址保存在 R1 中，而其中的 i 不需要保存，所以采用寄存器 R0 代表 i。

表 4-25 计数型循环结构示例

处 理 流 程	C 语 言	汇 编 语 言

	s=0;
	for(i=0; i<=N; i++)
	{
	   s=s+i;
	}
		MOV R2, #0
		MOV R0, #0
		loop
		CMP R0, #N
		BGT loop_end
		ADD R2, R0
		ADD R0, #1
		B loop
		loop_end
		STR R2, [R1]

4．特殊循环控制

在 C 语言中，还可以采用两个语句来控制循环体内的流程：continue 语句，停止执行后续语句，重新从循环判定开始再执行一次；break 语句，停止执行后续语句并结束当前的循环。在汇编语言中，这两条语句都是无条件跳转语句，只是一个跳转到循环开始语句，另一个跳转到循环结束语句。在循环体内部，一般尽量减少 continue 和 break 语句的使用。

4.5 函   数

一个大型程序通常由若干个程序模块按照一定流程组合而成。每个程序模块也称为子程序，由一个或多个语句块组成，负责完成某项特定的任务，且具备相对的独立性。子程序通过被其他程序调用来实现功能，调用子程序的程序称为调用者。

子程序有两种表现形式：过程和函数。过程强调动作，函数侧重计算。有时不严格区分，即过程是没有返回值的函数，函数是有返回值的过程。在汇编语言中，子程序都称为过程，而在 C 语言中子程序和过程都称为函数，两者实质是一回事。为了描述方便，后面把过程也称为函数。

函数被调用时，返回地址保存在 LR 中；进入函数时，需将函数体内会用到的寄存器压入堆栈保护；离开函数时，将返回地址赋给 PC 实现返回。

函数有输入参数和返回值，即接收调用者的数据进行处理，并将处理结果返给调用者。最简单的函数是直接返回函数，称为哑函数，如表 4-26 所示。

表 4-26 哑 函 数

功 能	汇 编 语 言	C 语 言

哑函数	dummy PROC
	   BX LR
	ENDP
		void dummy()
		{
		}

函数在处理中需要多个寄存器，使用这些寄存器之前要将原有的数据压入堆栈保护起来，当处理结束后再将它们恢复出来。这些寄存器的值称为现场，现场保存和现场恢复是函数开始和结束时的必要操作。

4.5.1 参数传递

调用者将所要处理的数据(也称为输入参数)保存在寄存器或存储器中，函数从中读取这些数据并将处理结果(也称为返回值)也保存在这些寄存器或存储器中；函数结束返回后，调用者再从中读取数据。这个交互输入参数与返回值的过程就称为参数传递。

1. 参数的存储方式

参数可采用四种存储方式进行传递：寄存器传递、存储变量传递、堆栈参数传递、寄存器和堆栈联合参数传递。

1) 寄存器传递

寄存器传递是指调用者将参数保存在指定的寄存器中，函数被调用时，从这些寄存器中取数进行处理，处理结果保存在指定的寄存器中。

2) 存储变量传递

存储变量传递是指调用者将参数保存在指定的存储变量中，函数被调用时，从这些存储变量中取数进行处理，处理结果保存在指定的存储变量中。

3) 堆栈参数传递

堆栈参数传递是指调用者将数据压入堆栈中，函数被调用时，从堆栈中取出输入参数，处理结束后，返回参数保存在输入参数所在的堆栈中。函数要使用堆栈中的参数时，直接使用 SP 作为基址进行寻址访问数据即可。

4) 寄存器和堆栈联合参数传递

寄存器和堆栈联合参数传递是指调用者将输入参数一部分保存在寄存器中，另一部分保存在堆栈中，函数从寄存器和堆栈中获得输入参数，其结果也保存在寄存器和堆栈中作为返回值。表 4-27 是两个输入参数利用寄存器和堆栈联合传递的示例，表中(x)、(y)和(R1)分别表示 x、y 和 R1 的值。

表 4-27　寄存器和堆栈联合参数传递示例

功　能	汇编语言	参　数　传　递

主程序：
　将 x 和 y 值分别读入寄存器 R0 和 R1，并将 R1 压栈。调用返回后，将 R0 中的值保存到 z 中，再调整 SP 下移一字，回到初始栈位
	LDR R0, =x
	LDRH R0, [R0]
	LDR R1, =y
	LDRH R1, [R1]
	PUSH {R1}
	BL myfunc
	LDR R1, =z
	STR R0, [R1]
	ADD SP, #4	

功　能	汇编语言	参　数　传　递

函数：
　压入工作寄存器 R1，再从堆栈中取出输入参数存于 R1 中，其和保存在 R0 中，弹出 R1 后返回
	myfunc PROC
	　　PUSH {R1}
	　　LDR R1, [SP, #4]
	　　ADD R0, R1
	　　POP {R1}
	　　MOV PC, LR
	　　ENDP	

2. 参数的作用形式

参数的作用形式有两种，即传值和传址，其实质是传变量的值和传变量的地址。传变量的值时，改变参数值不会影响变量的值，而传变量的地址时改变参数值可改变变量的值。

表 4-28 是传值方式的值交换函数用 C 语言和用相应的汇编语言的程序示例。通过分析汇编程序可以看出，传值的函数内部只在寄存器层面进行了值的交换，不影响原变量。

表 4-28　传值方式的函数处理示例

功能	参　数　分　配	C 语言	汇　编　语　言

传值		void swap(int x, int y)
		{
		　int z;
		　z=y;
		　y=x;
		　x=z;
		}
			Swap　　PROC
			　　PUSH {LR}
			　　MOV LR, R0
			　　MOV R0, R1
			　　MOV R1, LR
			　　POP {PC}
			　　ENDP

表 4-29 是传址方式的 C 语言和相应汇编语言的程序示例。通过分析汇编程序可以看出，传地址的函数内部对存储单元进行了操作，会影响原变量的值。

表 4-29　传址方式的函数处理示例

功能	参　数　分　配	C 语言	汇　编　语　言

传址		void swap(int *x, int *y)
		{
		　int z;
		　z=*y;
		　*y=*x;
		　*x=z;
		}
			swap　　PROC
			　　PUSH {R2, LR}
			　　LDR R2, [R0]
			　　LDR LR, [R1]
			　　STR LR, [R0]
			　　STR R2, [R1]
			　　POP {R2, PC}
			　　ENDP

4.5.2 局部变量分配

函数体内需要一定量的存储空间供函数处理使用，其作用域仅在函数体内，故称为局部变量。由于局部变量在函数结束后就没有意义了，所以，这些局部变量只在堆栈空间中分配。

执行函数时，与函数相关的堆栈区分为四个子区，从高地址向低地址依次分配为输入参数子区、寄存器保护子区、局部变量子区和临时保护子区。

1．输入参数子区

输入参数子区用于保存调用者传递来的部分参数。

2．寄存器保护子区

寄存器保护子区用于保护调用现场，通过 PUSH 与 POP 建立和释放多个寄存器。

3．局部变量子区

局部变量子区用于函数体内的局部变量分配，视为数据存储器，采用常规加载和存储指令进行操作。该子区在函数体内一直保持不变，该空间的分配和释放通过更新 SP 来实现，局部变量存储空间的寻址是以 SP 为基址实现的。

4．临时保护子区

临时保护子区在寄存器进行运算时动态地保存过程中的数据，通过出栈和入栈指令来操作。

例如，某函数有三个输入参数值 a、b 和 c，一个保存在 R0 中，另两个保存在堆栈中，返回结果保存在 R0 中。该程序只允许使用寄存器 R0、R1 和 R2，处理过程需要 3 个临时字变量。表 4-30 为函数的内部变量分配示例。

表 4-30 函数内部变量分配

功　能	汇 编 语 言	寄存器与堆栈

函数：
　三个输入参数，
一个返回值
	myfunc　PROC
	　　PUSH {R1, R2}
	　　SUB SP, SP, #4*3
	　　STR R0, [SP, #4*2]
	　　⋮
	　　ADD SP, SP. #4*3
	　　POP {R1, R2}
	　　BX LR
	　　ENDP	

在 C 程序中，函数的输入参数和内部定义的变量都视为局部变量，它们可能保存在寄存器中，也可能保存在存储器中，要根据具体处理过程来定。

汇编程序的局部变量都保存在存储器中的，每一个变量都是使用地址来访问的。

因此，C 程序的局部变量是面向用户的，用户不需要关心具体的存储形式。通常 C 函数体内的局部变量占用的空间不能过大。

4.5.3 函数示例

下面采用两种方法求一个正整数 n 的阶乘(factorial)n!。

1. 迭代法

输入参数为 n，返回值为 n!，计算公式为 $n! = \prod_{i=1}^{n} i$。

采用计数型循环结构。循环量 i 可以从 n 开始进行减法计数，可和输入参数共用寄存器 R0，乘积保存在另一个寄存器中。LR 值是调用时系统给出的值，用于返回，压栈保存后可用于保存临时数据而不用再恢复。函数利用 LR 来保存乘积，在返回前赋给 R0，即可实现函数的参数传递。

表 4-31 是采用迭代法实现阶乘的程序示例。

表 4-31 迭代法示例

功　　能	C 语　言	汇 编 语 言

函数：
　计算阶乘，公式为
　$$n! = \prod_{i=1}^{n} i$$
　输入参数 n 和返回参数
n! 均保存在 R0 中
	unsigned int fac(unsigned int n)
	{
	　unsigned int i, s;
	　s=1;
	　for (i=n; i>=1; i--)
	　　s=s*i;
	　return s;
	}
		fac PROC
		　PUSH {LR}
		　MOV LR, #1
		loop
		　CMP R0, #1
		　BLO ret
		　MUL LR, LR, R0
		　SUB R0, #1
		　B loop
		ret
		　MOV R0, LR
		　POP {PC}
		　ENDP

2. 递归法

输入参数为 n，返回参数为 n!，这里 n! = n × (n − 1)!，0!=1。

在计算 n!时需要调用(n-1)!，在函数体内则调用自己，只是输入参数不同，这种方式称为递归。

函数调用中都会在堆栈里保存调用时的寄存器，故反复调用函数不影响函数的正常执行。

将循环量 i 设计为寄存器 R0，将乘积保存在另一个寄存器中。LR 值是调用时系统给出的值，用于返回，以便压栈保存后用于保存临时数据而不用再恢复。函数利用 LR 来保存乘积，在返回前赋给 R0，即可实现函数的参数传递。

表 4-32 是采用递归法实现阶乘的程序以及指令执行表。

表 4-32　递归法示例

功　能	C 语言	汇编语言	指令执行后的状态				
			寄存器组		堆栈		
			R0	LR	m−1	m	m+1

函数:
　计算阶乘,公式为
n!=n×(n−1)!
0!=1
　输入参数和返回参数均保存在 R0 中
	unsigned int fac
	(unsigned int n)
	{
	　if(n)
	　return
	n*fac(n-1);
	　else
	　return 1;
	}
		fac PROC	n	a			

		CBZ R0, op2	n	a	—	—	—/n+1
		PUSH {R0, LR}	n	a	n	a	—/n+1
		SUB R0, #1	n−1	a	n	a	—/n+1
		BL fac	(n−1)!	b	n	a	—/n+1
		POP {LR}	(n−1)!	n	n	a	—/n+1
		MUL R0, LR	n!	n	n	a	—/n+1
		POP {PC}	n!	n	n	a	—/n+1
		op2					—/n+1
		MOV R0, #1	0!	a	—	—	—/n+1
		MOV PC, LR	0!	a	—	—	—/n+1
		ENDP					

4.6　混合编程

4.6.1　变量互用

1. C 调用汇编变量

汇编程序的变量名用 EXPORT 来声明后才可由 C 程序使用,使用时用 extern 来声明。在汇编程序的数据区中定义变量 asm_var,代码如下:

　　EXPORT asm_var

asm_var　DCD 0

C 程序中使用变量 asm_var,代码如下:

extern int asm_var;

asm_var=2; //给变量 asm_var 赋值 2

由此可见,变量名 asm_var 在汇编程序中代表地址,而在 C 程序中代表存储空间。

2. 汇编调用 C 变量

C 语言中的变量只要不使用 static 来声明就可以由汇编程序调用,使用时用 IMPORT 语句声明变量。例如,在 C 程序中定义变量 c_var,代码如下:

int c_var;

在汇编程序代码区中调用变量 c_var,代码如下:

IMPORT c_var

LDR R0, =3

LDR R1, =c_var

STR R0, [R1]；给变量 c_var 赋值 3

4.6.2 函数互调

ARM 架构过程调用的标准(AAPCCS)规定：函数的输入参数 1～4 保存在寄存器 R0～
R3 中，其他参数从最后向前入栈保存；32 位返回值保存在 R0 中，64 位返回值保存在 R0
和 R1 中。表 4-33 为参数传递的存储规则示例。

表 4-33 参数传递的存储规则

输入参数	参数 1	参数 2	参数 3	参数 4	参数 5	参数 6	⋯	参数 m	返回值	
一个参数	R0	—	—	—		⋯	—	R0	R1
两个参数	R0	R1	—	—	—		⋯	—	R0	R1
三个参数	R0	R1	R2	—	—		⋯	—	R0	R1
四个参数	R0	R1	R2	R3	—		⋯	—	R0	R1
五个参数	R0	R1	R2	R3	SP		⋯	—	R0	R1
⋮	⋮	⋮	⋮	⋮	⋮	⋮	⋮	⋮	⋮	⋮
m 个参数	R0	R1	R2	R3	SP	SP+4	⋯	SP+4m−20	R0	R1

1．C 程序调用汇编函数

汇编程序的函数名(标号)用 EXPORT 声明后才可由 C 程序调用，使用时用 extern 来声
明，有参数传递的程序要标明输入和返回参数。汇编函数要根据参数传递规则保护寄存器。

在汇编程序代码区中定义函数 asm_func，代码如下：

```
        EXPORT asm_func
asm_func    PROC
        MUL R0,R0 ;求平方
        BX LR
        ENDP
```

在 C 程序中调用函数 asm_func，代码如下：

extern unsigned int asm_func(unsigned int n);

x=asm_func(2);//调用函数 asm_func,返回结果为 4

2．汇编程序调用 C 函数

C 语言中的函数只要不使用 static 来声明就可以由汇编程序调用，使用时用 IMPORT
语句声明变量。

在 C 程序中定义函数 c_func，代码如下：

```
unsigned int c_func(unsigned int n)
{
    return n*n;
}
```

汇编程序中采用 BL 指令调用函数 c_func，代码如下：

```
        IMPORT c_func
```

```
LDR R0, =3
PUSH {LR};因为调用会更新 LR，所以要入栈保存
BL c_func ;返回值 9 保存在 R0 中
POP {LR};恢复原 LR 值
```

4.6.3　嵌入汇编

Keil MDK-ARM 支持嵌入汇编，它允许在 C 程序中直接编写汇编函数，只需要在函数声明前增加__asm 关键字。例如：

```
__asm unsigned int c_func(unsigned int n)
{
    MUL R0, R0
    BX LR
}
```

此外，还可以利用_cpp 关键字引入数据符号和地址，例如：

```
unsigned int n=2;
__asm unsigned int c_func(void)
{
    LDR R0, = _cpp(&n) ;得到 C 变量 n 的地址
    LDR R0, [R0] ;取出 C 变量 n 的值
    MUL R0, R0
    BX LR
}
```

4.6.4　内联汇编

内联汇编是指在 C 代码中使用汇编语句，其有如下两种方式。

(1) 单指令采用__asm("汇编指令")。例如：

```
__asm("SVC #1");
```

(2) 多指令采用__asm{多条汇编指令}，但指令中不能直接使用寄存器名称 R0~R5，通常需使用外部变量名，且源操作数必须是在该语句之前赋过值的。例如：

```
unsigned int c_func(unsigned int n)
{
    unsigned int s;
    __asm
    {
        MUL s,n,n
    }
    return s;
}
```

通常在取 SP、LR 和 PC 三个寄存器的值时，直接使用编译系统的内部函数

__current_sp()、 __return_address()和__current_pc()。

4.7 异常处理

在异常向量表中，将相应的服务函数名作为只读变量的初值，当异常产生时处理器会自动执行该服务函数。

首先，在启动汇编文件中分配异常向量。假定异常编号为 m，则相应的异常向量保存地址应是 4m，即该异常向量前面有 m 个字空间。系统默认的前两个字空间分别被 MSP 和重启异常向量占用，异常编号 2~(m−1)中即使没有使用的异常向量也必须要分配，值可为空值或默认值，但必须保证分配了 m−2 个字空间后再分配该异常向量。

然后，定义相应的异常服务函数。可以在汇编文件中编制，也可以在 C 文件中编制。通常将汇编异常服务函数标注为 WEAK 类型，即当外部再定义时此定义函数失效，这种方式常用来兼容 C 语言编制的异常服务函数。

例如，执行指令 SVC #n 会产生异常编号为 11 的 SVC 异常，其中 n 为 8 位无符号常数。处理器将 R0~R3、R12、LR、返回地址和 xPSR 压入当前堆栈中，如图 4-13 所示。与此同时，从异常向量表的第 12 个字单元获得 SVC 异常服务函数 SVC_Handler 的地址，并将当前的处理模式、栈类型(主栈或线程栈)以及异常堆栈帧类型组合在一起写入 LR 中，然后进入处理模式，堆栈切换至主栈并使用 MSP。

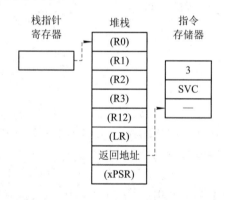

图 4-13 异常堆栈帧

在启动程序 startup.s 中增加与 SVC 异常相关的异常向量表单元和异常服务函数。异常向量表空间分配的汇编程序如下：

```
        AREA RESET, DATA, READONLY
        EXPORT __Vectors
__Vectors
        DCD     __initial_sp        ;MSP 的初值
        DCD     Reset_Handler       ;重启异常服务函数的入口地址+1
        SPACE 4*9                   ;保留其他异常向量的位置，SVC 类型为 11，0 为 MSP
        DCD     SVC_Handler         ;SVC 异常服务函数的入口地址+1，相应函数名为
                                    ;SVC_Handler
```

再增加一个默认的异常服务函数，具体代码如下：

```
SVC_Handler        PROC
    EXPORT SVC_Handler      [WEAK]
    BX  LR          ;直接返回，是一个哑函数
    ENDP
```

在 C 文件 test.c 中编写 SVC_Handler 函数，并在主函数中采用内联语句"__asm{SVC #n}"进行触发。

图 4-14 是 C 程序在调试状态下的源代码和反汇编代码图，即将执行 SVC 指令。由于 SVC 异常服务函数为哑函数，其汇编代码只是一条语句"BX LR"，因此在此设置断点。

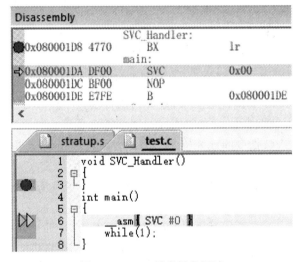

图 4-14 SVC 异常触发调试

接着单步执行，触发 SVC 异常，处理器响应异常，并进行 SVC 异常处理，如图 4-15 所示。

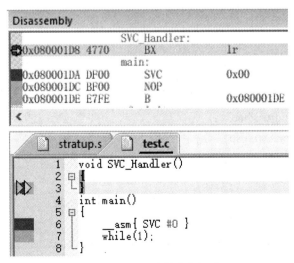

图 4-15 SVC 异常响应调试

再单步执行，则异常处理结束，返回主函数，如图 4-16 所示。

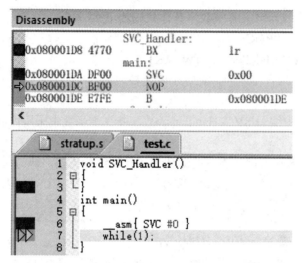

图 4-16　SVC 异常结束调试

SVC 指令带有参数 n，有时需要在 SVC 异常服务函数中获取 SVC 指令中的参数 n。下面分析和设计一个可以获取参数 n 的 SVC_Handler 的 C 程序。

由于 n 值保存在 SVC 指令的低 8 位中，因此必须先获取 SVC 指令的地址。虽然 SVC 指令地址没有直接保存，但异常堆栈帧中保存的返回地址是 SVC 指令后续指令的地址。因此，获取返回地址就可以得到 SVC 指令的地址。SVC 指令为 16 位，所以 SVC 指令的地址=返回地址−2。

获取异常堆栈帧需要知道异常堆栈帧保存在哪个堆栈中，即进入异常前的堆栈是哪个。要想知道是主栈还是用户栈，就要从保存在 LR 中的 EXC_RETURN 的位 2 获取，其值为 1 是用户栈，为 0 是主栈。在 C 程序中采用系统提供的函数__return_address()可获取当前 LR 的值。代码如下：

```
void SVC_Handler()
{
    unsigned char *opc;
    unsigned int *sp;
    //从 LR 寄存器中取 EXC_RETURN
    //判定异常堆栈帧是在 PSP 中还是在 MSP 中
    if(__return_address()&0x4)
        __asm{mrs sp, psp}         //取 PSP 值
    else
        __asm{mrs sp, msp}         //取 MSP 值
    opc=(unsigned char *)(sp[6]);    //取返回地址
    switch(*(opc-2))
    {//返回地址−2 处取 1 字节即为 SVC 指令中的常数
        case 0:
```

```
                break;
        case 1:

                break;
        default:

                break;
        }
}
```

习　　题

4-1　分别采用汇编语言和 C 语言定义变量，要求如下：

(1) 一个字节存储空间，初值为 0x88；

(2) 一个半字存储空间，初值为 −12；

(3) 10 个字型存储空间；

(4) 保存一个字符型存储空间的地址的存储空间；

(5) 利用多种不同结构定义一个 4 字节存储空间。

4-2　完成以下变量定义语句的汇编语言和 C 语言的互换。

(1) long b = 0x12345678;

(2) d DCW -1, 45, 0

(3) char x[20];

(4) b SPACE 80

(5) q DCB -3

　　 p DCD q

(6) a　　DCW 0

　　　　 DCB 0

　　　　 DCB 0

(7) struct {

　　　 int a;

　　　 char b; }x;

(8) unsigned int k;

　　 int * p=&k;

4-3　写出实现以下功能的变量赋值汇编语句和 C 语句，并在 KEIL 中验证。

(1) 对 16 位变量 a 赋值 0x3456；

(2) 对 8 位变量 b 赋值 0x89；

(3) 将 8 位变量 b 的值赋给 16 位变量 a 的高 8 位；

(4) 将变量 a 的地址赋给 32 位变量 c；

(5) 将 32 位变量 d 的次低字节赋给 8 位变量 a;

(6) 将 32 位变量 d 的高 16 位赋给 16 位变量 b;

(7) 某结构体变量 e 含有 1 个 32 位存储空间 x、1 个 16 位存储空间 y 和 1 个 8 位存储空间 z, 分别向这三个空间写入变量 e 的地址、0xABCD 和 0xEF;

(8) 某存储空间 f 含有 4 字节, 向这 4 字节保存 0、1、2、3。

4-4 写出实现以下功能的数据运算的汇编语句和 C 语句, 并在 Keil 中验证。

(1) 两变量相乘;

(2) 两变量按位求异或;

(3) 保存两变量的大小关系;

(4) 两个逻辑量都为真才成立。

4-5 采用三种不同分支结构实现以下功能, 给出相应的汇编语句和 C 语句, 并在 Keil 中验证。

当 a=0 时, y=x; 当 a=1 时, y=-x; 当 a=2 时, y=y+x; 当 a=3 时, y=y-x; 当 a 为其他值时, y=0。

4-6 已知待处理数据保存在连续的存储空间中, 地址为 0x20002000, 采用三种循环结构实现 5 个 16 位无符号数之和。使用 C 语言编程实现, 并给出相应的汇编语句, 采用指令列表法将执行过程描述出来, 最终在 Keil 中验证结果。

4-7 某汇编语言编写的函数有 6 个输入参数 x1~x6, 内部定义了 8 个局部变量 y1~y8, 函数操作时保护寄存器 R4、R5、R6 和 LR, 画出该函数变量在堆栈中的分布示意图。

4-8 目前移动电话号码由 11 位数字组成, 假定某移动电话号码保存在起始地址为 0x20000400 的连续 11 字节空间中, 试用递归法求出这 11 个数字之和。使用 C 语言编程实现, 并给出相应的汇编语句, 采用指令列表法将执行过程描述出来, 最终在 Keil 中验证结果。

4-9 采用 C 语言编制函数 y=f(a,b,c,d)=a×b+c×d, 并在汇编程序中调用该函数。

4-10 某计数变量 x 的初值为 10, 编制程序分别通过 SVC #2 指令和 SVC #3 指令实现该变量值加 1 和减 1。

第五章　片上微处理器系统

本章介绍了常规的微处理器系统架构原理、Cortex-M4 处理器的基本组成与关键部件、典型外设的基本原理、片上微处理器系统 STM32F401 的基本组成、中断系统结构与应用开发。

本章学习目的：

(1) 掌握微处理器系统的典型构架和组成部件；

(2) 了解典型外设的工作原理；

(3) 掌握 Cortex-M4 处理器、STM32F401 组成和异常/中断系统的原理及应用。

5.1 系 统 架 构

常规的微处理器系统由处理器(MPU)、系统总线、存储器(ROM 和 RAM)、中断控制器、直接存储访问控制器(DMAC)和输入/输出设备(外设 1，外设 2，…，外设 N)构成，如图 5-1 所示。

1．存储器

存储器用于保存程序代码和运算数据。存储器分为只读存储器(ROM)和随机存取存储器(RAM)。ROM 主要用于保存初始化数值、启动程序代码和部分系统程序代码，RAM 主要用于保存运行中的数据和动态加载的程序代码。

2．输入/输出设备

输入/输出设备用于与外部交互数据，获取外界信息和向外界输出信息，也被称为外设。常用的外设有四类：人机交互类，如键盘、鼠标、显示器、打印机等；时钟类，如定时器、计数器等；模拟类，如模/数转换器(ADC)和数/模转换器(DAC)、音频设备等；通信类，如异步串口、SPI、I^2C、USB、以太网等。

3．系统总线

微处理器与存储器和外设之间通过系统总线交换数据。存储器和外设都是由大量的存储单元构成的，微处理器把这些存储单元进行统一编址。微处理器要访问某存储单元时，将该存储单元的地址和读写控制信号发送至总线上，存储器和外设从系统总线上接收到微处理器发出的地址和读写控制信号，根据读写控制信号进行数据的读取或写存。

4．DMAC

DMAC 用来实现存储器与存储器之间、存储器与外设之间的批量数据传输。它在微处理器不使用总线时控制总线，实现存储器和外设的读写操作。微处理器通过系统总线对

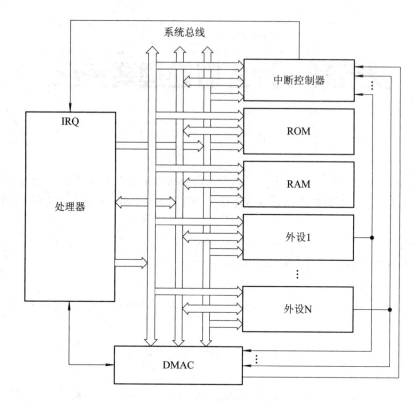

图 5-1　常规微处理器系统基本架构

DMAC 进行配置与管理。

5．中断控制器

中断控制器用来接收外设的实时处理请求并进行相应的处理。中断控制器连接所有有中断需求的外设，一旦收到外设的中断请求，就通过专用的中断线向微处理器发送请求，使微处理器进入中断处理操作。微处理器通过总线对中断控制器进行中断配置和管理。

5.1.1　系统总线

系统总线是微处理器与存储器和外设之间的交互通道，共分为三组：地址总线(Address Bus，AB)、数据总线(Data Bus，DB)和控制总线(Control Bus，CB)。图 5-2 为系统总线的连接示意图，其中地址总线有 n 条线，即 $A_{n-1},\cdots,A_0$；数据总线有 m 条线，即 $D_{m-1},\cdots,D_0$；控制总线包含读使能线 nRD(低电平有效)和写使能线 nWR(低电平有效)。

微处理器访问存储单元时，向地址总线输出所访问的存储单元的地址，并使能控制总线中的读或写使能线。当进行写操作时，微处理器输出数据到数据总线上；当进行读操作时，存储器或外设输出数据到数据总线上。

图 5-3 为微处理器进行读写操作时的系统总线时序示意图。当微处理器要向地址为 0x40 的存储单元写入数据 0x28 时，它向地址总线和数据总线分别输出 0x40 和 0x28，并将 nWR 置低，则存储器或外设随后将数据总线上的 0x28 写入地址为 0x40 的存储单元中。当微处理器要从地址为 0x80 的存储单元读取数据时，它向地址总线输出 0x80，并将 nRD 置

低，那么存储器或外设随后将 0x80 的存储单元中的数值 0x08 输出到数据总线上。

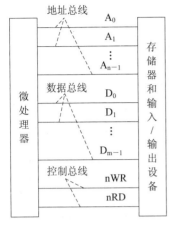

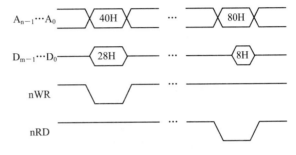

图 5-2　系统总线连接示意图　　　　　图 5-3　系统总线访问时序示意图

常用的数据总线有四类，即 8 位总线、16 位总线、32 位总线和 64 位总线。m 位总线表明微处理器一次可以通过总线读写 m 位数据。

对于 8 位数据总线来说，每次只能访问 1 字节($D_0 \sim D_7$)。

对于 16 位数据总线来说，每次可以访问 2 字节($D_0 \sim D_{15}$)，也可以只访问其中的 1 字节($D_0 \sim D_7$ 或 $D_8 \sim D_{15}$)。因此，控制总线需要增加两个专用信号来指明每个字节是否被选中，比如 nBS0 用于选择 $D_0 \sim D_7$，nBS1 用于选择 $D_8 \sim D_{15}$。

对于 32 位数据总线来说，每次可以访问 4 字节($D_0 \sim D_{31}$)，也可以只访问其中的 1 字节($D_0 \sim D_7$、$D_8 \sim D_{15}$、$D_{16} \sim D_{23}$ 或 $D_{24} \sim D_{31}$)，还可以访问其中的一个双字节($D_0 \sim D_{15}$ 或 $D_{16} \sim D_{31}$)。因此，控制总线需要增加 4 个专用信号来指明每个字节是否被选中，比如 nBS0 用于选择 $D_0 \sim D_7$，nBS1 用于选择 $D_8 \sim D_{15}$，nBS2 用于选择 $D_{16} \sim D_{23}$，nBS3 用于选择 $D_{24} \sim D_{31}$。

5.1.2　存储器系统

一个存储器系统通常由多个存储设备(存储器和外设)组成，同一总线上的所有存储设备不能同时被访问，每次只能有一个被访问。每个存储设备都有一组数据线 $D_{m-1} \sim D_0$、地址线 $A_{n-1} \sim A_0$、读写控制线 nWR 和 nRD 以及设备选择线(nCS)。

每个存储设备都有一个特定的访问地址范围。当系统总线上的地址在该存储设备的地址范围内时 nCS 才有效，这时存储设备才能被访问。例如，某系统总线采用 32 位地址总线，即 $A_{31} \sim A_0$，某存储设备的访问地址范围为 0x20001000～0x20001FFF，那么仅当 $A_{31} \sim A_{12}$=0x20001 时，nCS 才能有效。用来产生 nCS 的电路称为地址译码器。

从数据存储的角度来看，存储设备是一张由若干行和列构成的存储表，每一行由若干列组成，每列存储 1 字节。行数是指存储单元的数目，列数是指 1 个存储单元存储的数据大小，通常与数据总线宽度相等。存储设备容量通常采用行数×列数来表示。例如，1 K × 16 表明存储空间大小为 2048 字节，有 1024 行和 2 列，即 1024 个存储单元，每个存储单元保存 16 位的数据。

存储设备中每个字节的位置都可以采用行和列的组合来表示，如行 k 列 m。其中，k = 0，…，N−1；m = 0，…，M−1。对于 N 行 M 列的存储器，位于行 k 列 m 的字节地址为 kM+m，该字节数据可以表示为[kM+m]，其中 k 称为行地址，m 称为列地址。图 5-4 给出了 8 位数据线、16 位数据线和 32 位数据线的存储设备的内部字节编址情况。

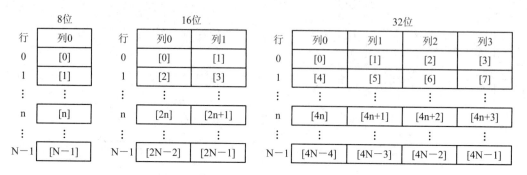

图 5-4　存储器内部编址

因此，微处理器在访问存储设备中某存储单元的数据时，不仅要给出数据所在的行地址，还要利用专用信号指出数据所在的列。通常 16 位的存储设备提供 nLB 和 nUB 两个信号供微处理器访问高字节或低字节，32 位的存储器件提供 nLLB、nLUB、nULB、nUUB 四个信号供微处理器访问最低字节、次低字节、次高字节和最高字节。16 位系统总线提供字节选择信号 nBS_0、nBS_1，32 位系统总线提供字节选择信号 nBS_0、nBS_1、nBS_2 和 nBS_3。图 5-5 是 16 位的系统总线与 16 位的存储设备的连接示意图，图 5-6 是 32 位的系统总线与 32 位的存储设备的连接示意图。

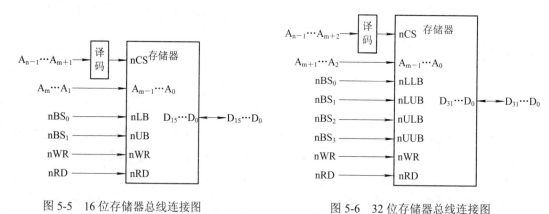

图 5-5　16 位存储器总线连接图　　　　　　图 5-6　32 位存储器总线连接图

5.1.3　外设接口

外设是完成外部数据获取、数据传输和数据显示等功能的设备，如键盘、显示器、打印机、硬盘、网络设备、多媒体设备。外设的结构和功能各不相同，但无论何种设备，最终都需要与微处理器交互配置控制命令、工作状态和输入/输出数据。

因此，每个外设需要提供一个可以通过总线访问的接口单元，它主要由存储设备(寄存器或存储器)构成。对于微处理器来说，它们是外设数据的存储部件，对于外设来说，它们是配置控制、状态反馈以及数据输入或输出的通道。

在微处理器系统中，每个外设都有单独的地址空间(编号)，并且都有自己的内部寄存器，用来保存控制信号、状态信号、发送数据、接收数据和配置参数。因此，外设接口通常由如图 5-7 所示的四类寄存器构成：控制寄存器、状态寄存器、数据输出寄存器和数据输入寄存器。

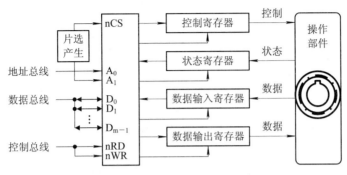

图 5-7 外设接口功能结构

控制寄存器主要用于对该设备进行初始化配置和运行控制。状态寄存器用于设备向微处理器提供当前的工作状态以及异常标志。数据输出寄存器主要用于保存设备加工的源数据，即该设备所要显示或传输的数据。数据输入寄存器主要用于保存设备加工结果的数据，即该设备感测或接收到的数据。

有的设备可能还含有一些配置寄存器，用来保存配置，控制运行或反映运行状态。

外设接口与系统总线相连，主要有地址线、数据线和读写控制线。每个外设接口都有一个访问允许使能信号，即片选信号(nCS)。当且仅当该信号为低电平时，接口所含的寄存器才能被微处理器访问。

为了方便操控设备，每个外设接口都有专用的地址，并采用专用的译码电路产生片选信号。

每个外设接口含有多个寄存器。在 C 语言中，可以采用结构体来描述该外设接口。例如：

```
struct Peripheral
{
    int CR; //控制寄存器
    int SR; //状态寄存器
    int DRR; //数据输入寄存器
    int DTR; //数据输出寄存器
}
```

对这些寄存器操作时，只需要对结构体内的变量进行访问即可。例如：

```
struct Peripheral *periph=( struct Peripheral *)0xFFFFE000;
periph->CR=(periph->CR&0xFFFFFFFc)|0xc;    //配置 CR 的低四位为 1100
while(periph->SR&1);                        //判断某状态是否满足
periph->DTR=periph->DRR;                    //将收到的数据发送出去
```

在更改和配置控制类寄存器时，如果只更改部分位，那么一定要先读取寄存器的值，再通过逻辑运算对相应位进行清零或置位，这样才可以保证其他位不发生变化，否则会产生无法预料的故障。

5.1.4 中断系统

中断系统是由微处理器、中断控制器和外设组成的。

当外设内部发生需要微处理器实时处理的事件时，外设立即向中断控制器发起中断申请，中断控制器接收外设发起的中断申请，并根据规则决定是否向微处理器发起中断请求。一旦微处理器响应中断请求，就会从中断控制器获取中断编号并进入中断处理过程。中断处理结束时，微处理器对中断控制器发出中断结束命令，中断控制器清除相应的中断请求标志。至此，外设中断处理流程结束。

支持中断的外设都有专用的中断控制寄存器(ICR)和中断状态寄存器(ISR)，同时有一条信号线作为中断请求线。中断控制寄存器用来规定哪些事件可以产生中断请求，而中断状态寄存器则指明当前哪些事件产生了中断请求。微处理器可以清除中断状态寄存器的相应位来取消中断请求。

中断控制器用来管理外设发来的中断请求，主要包括屏蔽或允许某外设的中断、配置所有中断的优先级、显示当前的中断状态等功能。通常有中断屏蔽寄存器、中断优先级寄存器和中断状态寄存器。

中断控制器可以接收多个外部中断源的中断请求，并进行优先级判断，以选中当前优先级最高的中断请求，并将此请求送到微处理器。当微处理器响应该中断请求并进入中断服务程序的处理过程后，中断控制器仍负责对外部中断请求的管理。当某个外部中断请求的优先级高于当前正在处理的中断的优先级时，中断控制器会立即通知微处理器响应新的中断，从而实现中断嵌套。反之，其他级别较低的中断则予以挂起。

中断通常用于处理发送结束、接收完成、定时结束、设备操作错误、外部电平发生变化等不可预知的突发事件。

5.1.5 直接存储访问器

系统的许多处理都需要进行大批量的数据传输，比如内存数据拷贝和外设数据流传输等。每个数据传输需要处理器进行至少两次操作，即数据从存储器或外设接口传至寄存器和数据从寄存器传至存储器或外设接口。批量传输占用了处理器的大量时间，影响处理器的处理效率。如果将处理器与大批量数据传输的操作脱离，那么可以大大提高处理器的处理效率。

微处理器中有一个部件可模仿微处理器对总线进行读写操作，即代替微处理器进行总线控制并实现批量数据传输。这个部件的总线访问操作不经过微处理器，故称为直接存储访问(DMA)，该部件也被称为直接存储访问控制器(DMAC)。

DMAC 对于微处理器来说是一个外设。微处理器通过总线配置批量数据传输操作的参数，包括源地址及是否自增减、目的地址及是否自增减和传输数目。一旦配置结束，便可以启动 DMA。在数据传输过程中，处理器与 DMAC 之间协商总线使用，存储区不冲突时可以实现微处理器访问存储器和 DMA 同时进行。DMA 结束后，产生结束事件或中断。

DMAC 的主要作用是将微处理器从大批量数据传输中解脱出来，同时 DMAC 可以自动对外设进行收发处理，从而减少外设收发中断的使用。但是，当用 DMA 向外设接口写数据时，DMA 结束并不代表外设把数据处理完成，它只表示把数据写入了外设接口，至于外设是否处理结束，它是无法知道的。

5.2 典型外设

5.2.1 通用输入/输出

GPIO 主要完成二进制量的输入与输出。系统有多个 GPIO 端口，每个端口可以支持一定数目的管脚。每个管脚既可配置为输入，也可配置为输出。作为输入时，内部寄存器锁存当前输入电平，只要输入电平发生变化，寄存器的值就随之发生变化，高电平为 1，低电平为 0。作为输出时，内部寄存器的值以电平形式输出，只要寄存器的值发生变化，其输出电平就发生变化，1 输出高电平，0 输出低电平。

图 5-8 是一个简易 GPIO 的管脚 P_n 的内部连接结构。由于不同管脚的输入/输出配置不同，因此管脚 P_n 有一个电控导通开关 T_n 来控制管脚是否为输出。T_n 是否导通由信号 C_n 控制，C_n 保存在寄存器(CR)的位 n 中。所要输出的电平值保存在输出数据寄存器(ODR)中，每位对应一个管脚的输出，位 n 的输出 On 连接导通开关，输入电平 I_n 连接输入数据寄存器(IDR)的输入端并锁存至位 n。

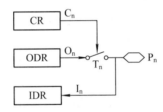

图 5-8 简易 GPIO 的管脚的内部连接结构

对于此 GPIO 来说，它有三个接口：用于配置管脚是输入还是输出的 CR、用于数据输出的 ODR 和锁存外部输入的 IDR。

GPIO 从外部获取二进制量，同时也可以把处理好的二进制量向外部输出。如图 5-9 所示，GPIO 作为输出控制 LED，当 CR 中的位 n 为 1 时，T_n 闭合，则 ODR 中的位 n 的值输出，为 1 时管脚输出高电平，LED 亮，为 0 时管脚输出低电平，LED 灭。在如图 5-10 所示的电路中，GPIO 作为输入读取外部开关的状态，当 CR 的位 n 为 0 时，T_n 断开。此时若外部开关断开，则管脚处电位为高电平，IDR 的位 n 为 1；若外部开关闭合，则管脚处电位为低电平，IDR 的位 n 为 0。

因此，GPIO 通常用来读取外部按键、开关的通断信息，控制 LED 灯、蜂鸣器、电控开关等。

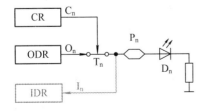

图 5-9 简易 GPIO 的输出电路

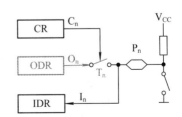

图 5-10 简易 GPIO 的输入电路

若按照一定时延控制 GPIO 的输出，则可以产生不同的波形；若控制输入，则可以接收不同的波形。因此，可以利用 GPIO 与其他设备进行数据通信操作。

GPIO 是最常用的外设，它与管脚分配有直接关系，其操作规程也与管脚设计有关。

5.2.2 定时/计数设备

1. 时基单元

时基单元由计数器 TIM_CNT、自动装载寄存器 TIM_ARR、预分频器 TIM_PSC 构成，如图 5-11 所示。

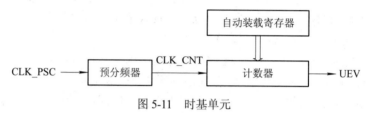

图 5-11　时基单元

定时器的核心是计数器，即每来一个计数时钟 CLK_CNT，脉冲就产生一个计数动作，计数寄存器的值加 1 或减 1。每一次加或减都表明时间过去了一个时钟周期。通过计数值的变化量可以得到逝去的时间。当计数器的数值超过规定数值时自动装载初值，并产生一个标识更新事件 UEV 来表明计时结束(也称为超时)。

预分频器将时钟 CLK_PSC 分频生成计数时钟 CLK_CNT。当预分频器值为 M 时，CLK_CNT 的周期是 CLK_PSC 的 M+1 倍，即频率变为 CLK_PSC 的 1/(M+1)。例如，CLK_CNT 的频率为 4 MHz，预分频器的值为 999，那么 CLK_CNT 的频率为(4÷1000) MHz＝4 kHz。

计数器有三种计数模式，即向上计数模式、向下计数模式和中央对齐模式。

(1) 向上计数模式：计数从 0 开始，超过 ARR 预设值时，产生更新事件。若允许反复计数，则从 0 开始重新计数，如图 5-12 所示。

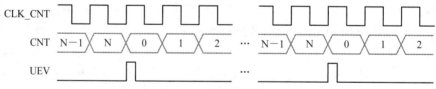

图 5-12　向上计数模式

(2) 向下计数模式：计数从 ARR 预设值开始，超过 0 时，产生更新事件。若重复计数，则从 ARR 预设值开始重新计数，如图 5-13 所示。

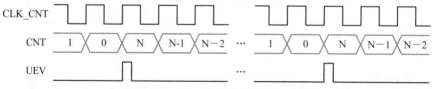

图 5-13　向下计数模式

(3) 中央对齐模式：计数从 0 开始向上计数，超过 ARR 的预设值−1 时产生更新事件；然后向下计数，计数超过 1 后，又产生更新事件；再从 0 开始向上计数。这种计数也称为向上/向下计数，如图 5-14 所示。

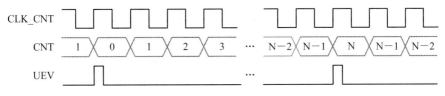

图 5-14　中央对齐模式

2. 输入捕获与比较输出

定时器有两种工作模式，即捕获模式和比较模式，分别实现输入脉冲的时长测量和规定时长的脉冲输出。

在捕获模式下，通过计算两次输入事件之间的计数值之差就可以计算出事件之间的时延，测量出脉冲宽度或周期。

在比较模式下，通过将计数值与预设值进行比较来控制输出电平，使输出波形的电平受控于预设值，如图 5-15 所示。若计数值大于等于预设值，则输出高电平，否则输出低电平，如图 5-16 所示。这种模式主要用于脉宽调制(PWM)波形的生成。

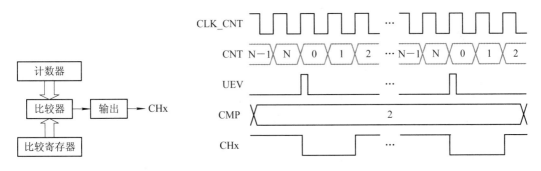

图 5-15　计数比较输出结构　　　　　　　图 5-16　计数比较输出波形

5.2.3　通信设备

数据通信是实现远距离数据获取或输出的基本方式。

发送数据的设备称为发送器，接收数据的设备称为接收器。发送器按照一定时间节拍输出一个电平至通信线上并保持至下一个节拍到达之前，接收器也按同样的时间节拍将通信线上的电平锁存下来，从而实现数据在线上传输。每次通信发送一定格式的多位数据，这种格式的数据称为数据帧。

双方通信时，需要统一的时钟及帧起始时刻和相同的数据格式。相同的数据格式是由收发双方各自写入相同的参数来实现的，而统一的时钟及帧起始时刻则需要专门的信号控制线或控制信号来实现。

从收发操作来看，通信有三种工作方式：全双工(收发同时进行)、半双工(收时不发，发时不收)和单工(只能收或发)。全双工时两个设备之间需要收发两根传输线，半双工和单工时两个设备之间只需要一根传输线。

从连接关系来看，通信有两种结构：点至点结构和总线结构。点至点结构是指传输线只能连接两个设备，总线结构是指传输线可以连接多个设备。

从传输控制来看，通信分为主从控制和对等控制。主从控制是指通信过程由一方来控制，另一方根据该方的指示进行收发操作。对等控制是指通信双方独立进行收发操作。

常规的通信设备主要有：UART、SPI、I^2C、USB、以太网等。下面简要介绍一下最为常用的 UART、SPI 和 I^2C。

1. UART

通用异步收发器(UART)可实现异步串行通信，其工作原理是将数据的每个二进制位采用相应的电平(也称为码元)一位接一位地传输。收发操作中，以一个帧为传输单位，它由规定的多个码元顺序组合而成，且每个码元的持续时间是固定的。通常把每秒钟传输的码元数称为波特率，收发双方必须采用相同的波特率才能正确收发。

无数据发送时，数据线处于逻辑 1 状态，也称为空闲位。有数据发送时，传输帧由起始位、数据位、校验位(可选)、停止位构成，其波形如图 5-17 所示。

图 5-17　UART 传输波形

起始位用来指示一个帧通信的开始，发送方先发出一个逻辑"0"，接收方根据传输线上的逻辑电平变化来同步并启动接收。

数据位在起始位之后，用来传输数据，其位数可以是 5、6、7、8、9 等。0 表示逻辑 0，1 表示逻辑 1。

校验位是在数据位后加上的一位，接收方通过该位来校验所接收的数据是否有错。校验方法有奇校验、偶校验、0 校验和 1 校验以及无校验，最为常用的是奇偶校验方法。奇校验时，若数据位中"1"的数目是偶数，则校验位为"1"，否则校验位为"0"。偶校验时，若数据位中"1"的数目是偶数，则校验位为"0"，否则校验位为"1"。接收方计算接收到的数据中 1 的个数，再根据所采用的校验规定导出校验位的值，最后与所收到的校验位进行对比，便可知道该传输是否有误。

停止位是一个帧传输的结束标志，它可以是 1 位、1.5 位、2 位的逻辑"1"。

UART 主要由收发移位寄存器、收发数据寄存器、波特率产生、硬件流控、收发控制等单元构成，如图 5-18 所示。UART 的管脚有 TX(发送输出)、RX(接收输入)、RTS(发送请求)、CTS(发送回应)。

发送前检查发送数据寄存器是否准备好，是则写入数据并自动清除"发送准备好"标志。当发送移位寄存器将数据发送完成后，检查发送数据寄存器中是否还有待发数据。若有，则将发送数据寄存器的数据锁存并启动下一次数据发送，与此同时置"发送准备好"标志，否则，数据发送结束。

接收方收到起始位后开始移位接收，当接收完一帧时，接收移位寄存器将数据锁存至接收数据寄存器，并自动等待下一次接收。当数据锁存到接收数据寄存器时，置"接收准备好"标志。一旦接收数据寄存器中的数据被读出，接收方就自动清除"接收准备好"标志。

硬件流控用于处理收发双方处理速率不对称的问题。发方在发送前先将 RTS 线置逻辑 1，告诉收方需要传输。收方收到 RTS 线上的信号时，若无法接收，则置逻辑 0 于发方的 CTS 线上，表明因忙无法接收，反之置逻辑 1，表明可以接收。这样收方可以根据自身的处理能力来决定数据的接收，避免因接收处理慢而导致数据丢失。

图 5-19 为两个 UART 设备 A 和 B 进行通信的连接图。设备 A 的 TX、RX 分别与设备 B 的 RX、TX 相连，也称为交叉连接。使用硬件流控时，设备 A 的 RTS、CTS 分别与设备 B 的 CTS、RTS 相连。

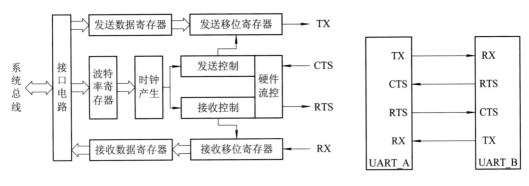

图 5-18　UART 结构　　　　　　　　　　图 5-19　两个 UART 通信连接

2. SPI

SPI 可实现高速的、全双工的、同步的通信。它有两种工作模式：主模式和从模式。工作在主模式的设备被称为主设备，工作在从模式的设备被称为从设备。通信只能在主设备和从设备之间进行，两个相同模式的设备之间无法通信。

SPI 主设备与从设备之间采用四个信号实现双工通信，如图 5-20 所示。这四个信号分别是移位时钟(SCLK)、主出从入(MOSI)、主入从出(MISO)和从选择(NSS)。SCLK 由主设备产生，供双方的数据移位器进行移位操作时使用；MOSI 为主设备的移位输出或从设备的移位输入；MISO 为主设备的移位输入或从设备的移位输出；NSS 为从站选择输入或主站产生的从站选择输出。

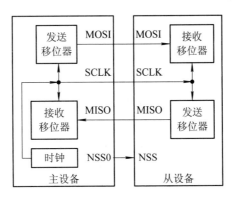

图 5-20　SPI 主从设备结构

SPI 的传输模式由时钟相位 CPHA 和时钟极性 CPOL 两个量来决定。

CPHA 用来配置数据采样是在第几个边沿。当 CPHA=0 时表示数据采样在第 1 个边沿，数据发送在第 2 个边沿；当 CPHA=1 时表示数据采样在第 2 个边沿，数据发送在第 1 个边沿。

CPOL 用来配置 SCLK 电平对应的状态。CPOL=0 表明 SCLK 的低电平为空闲态，高电平为有效态；CPOL=1 表明 SCLK 的低电平为有效态，高电平为空闲态。

传输模式有四种：模式 0(CPOL=0，CPHA=0)、模式 1(CPOL=0，CPHA=1)、模式 2(CPOL=1，CPHA=0)和模式 3(CPOL=1，CPOL=1)。四种工作模式的工作波形如图 5-21 所示。

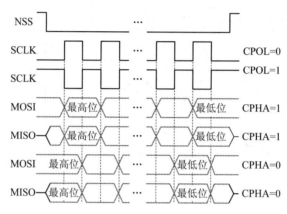

图 5-21　SPI 工作模式波形图

3. I²C

I²C 设备采用一根双向串行数据线 SDA 和一根双向串行时钟线 SCL 来实现主/从设备间的多主串行通信，设备可连接到标准(高达 100 kHz)或快速(高达 400 kHz)的 I²C 总线。

总线上的数据传输必须以一个起始信号作为开始标志，以一个停止信号作为传输的停止标志，其波形如图 5-22 所示。

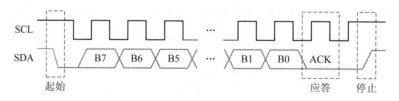

图 5-22　I²C 传输波形

通信时，起始和停止信号总是由主设备产生。I²C 总线在传输数据的过程中一共有三种信号：起始信号、停止信号、应答信号。

SCL 为高电平而 SDA 由高到低跳变，表示产生一个起始信号。SCL 为高电平而 SDA 由低到高跳变，表示产生一个停止信号。从设备在接收到 8 位数据后，向主设备发出一个特定的低电平脉冲作为 ACK，表示已经接收到数据。在某些特定时刻，从设备不发送低电平，而是维持高电平，作为对特殊情况的表示，也被称为 NACK。

总线在空闲状态时，SCL 和 SDA 都保持着高电平。起始信号是必需的，停止信号和应答信号都可以视情况省略。

SDA 线上的数据只在 SCL 为高电平时有效，在 SCL 为低电平时进行数据的切换，即设备只在 SCL 线为高电平时才会对 SDA 上的信号进行采样。

数据和地址按字节进行传输，高位在前。在 SCL 产生一个时钟脉冲的过程中主设备将在 SDA 线上传输一个数据位。当 1 字节按数据位从高位到低位传输完后，从设备立即拉低 SDA 线，并回传给主设备一个 ACK 信号，此时 1 字节才真正地被传输完成。在通信过程中，当主设备所要通信的从设备并不存在、从设备无法收发数据、从设备无法识别发送的数据与命令、主设备通知从设备通信结束时，SDA 上维持高电平作为 NACK。

I^2C 总线上每个设备都对应唯一的地址，主设备在传输有效数据之前要先指定从设备的地址。通常先传 7 位地址，再传一个读写位，用来表示接下来数据传输的方向，0 表示主设备向从设备写数据，1 表示主设备向从设备读数据。

5.2.4　模拟/数字转换

在实际通信应用中，有许多信号不是数字的，而是模拟的。为了处理这些信号，需要采用 ADC 将模拟的电压/电流变成相应的二进制数据。

假定 ADC 采用 N 位二进制数来表示输入电压，则该二进制数可以表示 2^N 个电压，也称为 N 位分辨率。最大电压值为 V_{REF+}，最小电压值为 V_{REF-}，通常 V_{REF-} 内部连接 0 V。当 $V_{REF-}=0$ V 时，对于任意非负整数 m，它所表示的电压值为 $mV_{REF+} / 2^N$。

每个 ADC 可以与一个多选一开关级联，开关的输出连接 ADC 的输入，开关的每个输入连接一个信号通道，通过控制开关位置即可实现对不同通道信号的模/数转换。这样就可以实现对多个通道的信号进行模/数转换。图 5-23 是 ADC 功能结构图。

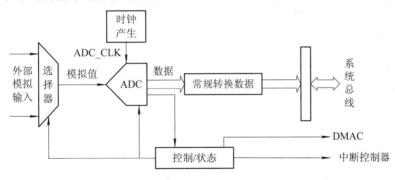

图 5-23　ADC 功能结构图

由于每次 ADC 只能转换 1 个通道，因此多通道复用的实质是分时转换，即转换完一个通道再转换下一个通道。按复用顺序排列成一个通道组，ADC 按顺序从通道组中选取当前要转换的通道。

ADC 转换有三种类型。ADC 转换完一次就结束称为单次转换，必须通过人工启动再进行下一次 ADC。一次转换后自动重启下一次转换称为连续转换。转换完成后自动启动下一次转换，并在达到规定的次数后结束，称为非连续转换。

只对某个通道进行转换的模式称为单通道模式。对通道组中的所有通道按顺序一一转换的模式称为扫描模式。单通道模式下一次转换就是转换 1 个通道，而扫描模式下一次转换是将当前组的所有通道按顺序都转换 1 次。

每次转换结束时转换器都会将结果保存在相应的数据寄存器中，同时更新状态，根据配置参数决定是否产生中断。所有通道的转换数据都保存在数据寄存器中。因此，每次转换完成后要及时读取数据，通常采用中断或 DMA 方式读取数据，否则已经转换的数据会被后一个转换的结果覆盖。

通道的转换由触发源来启动，触发源可以是外部电平，也可以是内部事件。ADC 的转换启动可以是软件触发，即通过直接配置寄存器来触发。通过配置控制寄存器的使能位，写 1 时开始转换，写 0 时停止转换。ADC 的转换启动也可以是硬件触发，即通过内部定时器或者外部 IO 来触发转换。因此，可以利用内部时钟让 ADC 进行周期性转换，也可以利用外部 IO 使 ADC 在需要时转换，具体的触发形式由控制寄存器来决定。

5.3 Cortex-M4 处理器

5.3.1 处理器结构

Cortex-M4 处理器的结构框图如图 5-24 所示，它不仅包含处理器内核、嵌套向量中断控制器(NVIC)、系统节拍定时器(SysTick)以及可选的浮点单元，还有一些内部总线系统、可选的存储器保护单元(MPU)以及支持软件调试操作的一组部件。

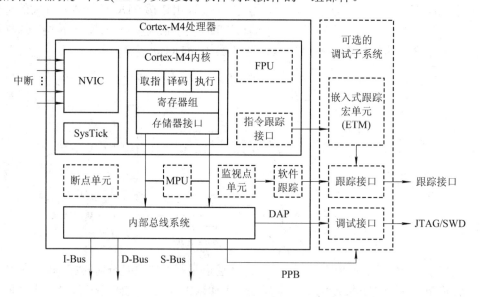

图 5-24 Cortex-M4 处理器的结构框图

NVIC 是异常/中断处理的内置中断控制器。常规处理器的系统异常处理通常由 MPU 内部控制，而外部中断则由中断控制器来控制。为了提高处理器的响应速度和方便异常处理，Cortex-M4 将中断与系统异常的控制合在一起形成 NVIC。NVIC 既处理外部的设备中断，也处理内部的系统异常。

SysTick 主要用于产生周期性的操作系统中断，与 NVIC 和处理器紧耦合，可加快操作系统的进程或任务切换速率。

5.3.2 处理器总线

Cortex-M4 的内核采用两条总线，即指令访问总线和数据访问总线，再经过内部总线连接产生 5 个总线，即程序指令总线(I-Bus)、程序数据总线(D-Bus)、系统总线(S-Bus)、私有外设总线(PPB)和调试访问端口(DAP)。

这些总线都采用基于 AMBA(高级微控制器总线架构)的总线接口设计。其特点如下：

(1) AHB(AMBA 高性能总线)Lite 协议用于存储器和系统总线流水线操作。

(2) APB(高级外设总线)协议用于外部设备及调试部件的访问操作。外设分为内部私有外设(NVIC、SysTick、MPU 等系统部件)、外部调试部件(可选)和通用外设。外设采用 APB 总线，通过总线桥部件连接到系统总线上。

(3) 代码存储区域采用专用的总线接口，独立于系统总线，使数据的访问和取指可以并行进行。这种分离的总线结构还会加快中断响应，在中断处理期间，栈访问和读取程序映像中的向量表可以同时执行。

在 Cortex-M4 中，I-Bus 用于程序存储器中指令和向量的读取；D-Bus 用于程序存储器中的数据读取和调试访问；S-Bus 用于访问 RAM 和外设；PPB 是一种专用的 APB，只能用于访问内部私有外设和外部调试部件，不能用于其他外设；DAP 用于调试接口模块产生到任意存储器位置的调试访问操作，包括对系统存储器和调试部件的调试访问。其中，I-Bus 和 D-Bus 都对程序存储器进行访问，S-Bus 对数据存储器和外设进行访问。图 5-25 是各总线的存储器作用区域分配图。

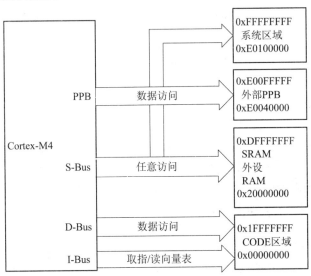

图 5-25　总线的存储器作用区域分配图

在简单的微处理器设计中，程序存储器一般会被连接到 I-Bus 和 D-Bus 总线，而 SRAM 和外设会被连到系统总线。

普通外设一般使用 APB 协议，但高性能外设可以使用 AHB Lite 以提高带宽和运行速度。PPB 不能用于普通外设。

程序存储器的访问具有两个总线(I-Bus 和 D-Bus)接口，分别用于取指和取数。在设计中可以利用一个简单的总线复用部件将这两个总线合并，利用这两个接口可以实现 FLASH 访问加速。

5.3.3 系统异常与中断

系统异常和中断由两个部件来控制和管理：一个是系统控制模块(SCB)，主要配置系统异常；另一个是 NVIC，主要配置外部中断和管理所有异常操作。

NVIC 是处理器的一个紧耦合部件，可以配置 1～240 个带有 256 个优先级、8 级抢占优先权的中断。它可以处理多个中断请求(IRQ)和一个不可屏蔽中断(NMI)请求。IRQ 一般由片上外设或外部中断输入产生，NMI 可用于掉电检测。处理器内部的 SysTick 定时器可以产生周期性的定时中断请求。处理器自身也是一个异常事件源，可以产生系统的错误事件和软件触发事件。

1. 异常优先级

每个异常都有一个优先级，有的异常的优先级是可编程的。当异常产生时，NVIC 会将异常的优先级和当前异常的优先级相比较。若新异常的优先级较高，那么当前正在执行的任务就会暂停，有些寄存器会被保存在栈空间内，而微处理器开始执行新异常的异常处理，这个过程称作抢占。当更高优先级的异常处理完成后，就会异常返回，微处理器自动从栈中恢复寄存器内容，并且继续执行之前的任务。

Cortex-M4 支持 3 个固定的高优先级和多达 256 级的可编程优先级，并且支持 128 级抢占。优先级的值越低，表明优先级越高。最高的优先级是系统复位，其值为 -3；其次为 NMI，值为 -2；再次为硬故障，值为 -1。这三个异常的优先级的值固定且均为负数，其他异常的优先级的值均为非负数且可配置。通过 NVIC 设置的优先级权限高于硬件默认的优先级。

中断优先级寄存器原则上是 8 位，但实际中常通过减少位宽来节约资源和减小复杂度。Cortex-M4 允许的最少使用位数为 3，即至少要支持 8 级优先级。

为了使抢占机能更可控，Cortex-M4 还把 256 级优先级按位分成高低两段，分别称为抢占优先级和子优先级。抢占优先级决定抢占行为，当系统正在响应某异常时，若来了抢占优先级更高的异常，则该异常可以抢占正在执行的异常。子优先级的处理方式同抢占级内的情况，当抢占优先级相同的异常有不止一个挂起时，最先响应子优先级最高的异常。当有多个异常具有相同的优先级时，比较异常号的大小，异常号小的优先被激活。

关于优先级分组，做了如下规定：子优先级至少是 1 位，因此抢占优先级最多是 7 位，最多有 128 级抢占的现象。表 5-1 给出了 8 种优先级分组中抢占优先级和子优先级的位段分配关系。在优先级的 2 个位段中，最高位所在的左边的位段对应抢占优先级，而最低位所在的右边的位段对应子优先级。分组位置由中断及复位控制寄存器中的 B10～B8 位来确定。

表 5-1　抢占优先级和子优先级位段分配

分组位置	优先级位段	子优先级位段	分组位置	优先级位段	子优先级位段
0	[7:1]	[0:0]	4	[7:5]	[4:0]
1	[7:2]	[1:0]	5	[7:6]	[5:0]
2	[7:3]	[2:0]	6	[7:7]	[6:0]
3	[7:4]	[3:0]	7	无	[7:0]

若从 B7 处分组，则此时所有的位都表达子优先级，没有任何位表达抢占优先级，因而异常之间就不会发生抢占，这就相当于禁止了 Cortex-M4 的中断嵌套机制。

优先级分组只影响可编程的异常，对于 3 个优先级为负数的异常(复位、NMI 和硬故障)，无论它们何时出现，都将立即无条件地抢占所有优先级可编程的异常。

2. 中断控制寄存器组

NVIC 采用 7 类寄存器实现中断配置。

1) 中断设置使能寄存器(ISER)

ISER 共有 8 个 32 位寄存器 ISER[0]~ISER[7]。寄存器 ISER[n]的地址为 0xE000E100+4n，其位 m 控制中断号 32n+m 的中断，置 1 使能，清 0 无效，读值 1 表示使能，0 表示禁用。

2) 中断清除使能寄存器(ICER)

ICER 共有 8 个 32 位寄存器 ICER[0]~ICER[7]。寄存器 ICER[n]的地址为 0xE000E180+4n，其位 m 控制中断号 32n+m 的中断，置 1 禁用，清 0 无效，读值 1 表示使能，0 表示禁用。

3) 中断设置挂起寄存器(ISPR)

ISPR 共有 8 个 32 位寄存器 ISPR[0]~ISPR[7]。寄存器 ISPR[n]的地址为 0xE000E200+4n，其位 m 控制中断号 32n+m 的中断，置 1 挂起，清 0 无效，读值 1 表示挂起，0 表示未挂起。

4) 中断清除挂起寄存器(ICPR)

ICPR 共有 8 个 32 位寄存器 ICPR[0]~ICPR[7]。寄存器 ICPR[n]的地址为 0xE000E280+4n，其位 m 控制中断号 32n+m 的中断，置 1 清除挂起，清 0 无效，读值 1 表示挂起，0 表示未挂起。

5) 中断活跃位寄存器(IABR)

IABR 共有 8 个 32 位寄存器 IABR[0]~IABR[7]。寄存器 IABR[n]的地址为 0xE000E300+4n，其位 m 反映中断号 32n+m 的中断活跃状态，读值 1 表示处于激活状态，0 表示未激活。

6) 中断优先级寄存器(IP)

IP 共有 240 个 8 位寄存器 IP[0]~IP[239]。寄存器 IP[n]的地址为 0xE000E400+n，用来表示中断号 n 的中断优先级，最小 3 位，最大 8 位。IP 可通过字节、半字和字方式进行访问。

7) 软件触发中断寄存器(STIR)

STIR 为 8 位寄存器，利用软件写入中断编号即可触发相应的中断。STIR 默认只能在特权等级下访问，不过可以配置为非特权等级访问。

寄存器组在 C 语言中采用结构体类型进行描述，即

```
typedef struct
{
    unsigned int ISER[8];
    unsigned int rsv1[24];
    unsigned int ICER[8];
    unsigned int rsv2[24];
    unsigned int ISPR[8];
```

```
        unsigned int rsv3[24];
        unsigned int ICPR[8];
        unsigned int rsv4[24];
        unsigned int IABR[8];
        unsigned int rsv5[56];
        unsigned char IP[240];
        unsigned int rsv6[644];
        unsigned int STIR;
}NVIC_def;
#define NVIC    ((volatile NVIC_def*)0xE000E100);
```

3. 系统异常控制寄存器组

SCB 是用于控制系统异常的寄存器组。

中断控制和状态寄存器(ICSR)的地址为 0xE000ED04，用于挂起 NMI、系统调用、PendSV，清除 SysTick 和 PendSV 挂起，同时可以读出 NMI、系统调用、PendSV、外部中断的挂起状态和挂起的 ISR 编号以及当前执行的中断服务程序。

向量表偏移寄存器(VTOR)的地址为 0xE000ED08,用于使能向量表重定位到其他地址。当用户需要重新定义异常向量表的内容时，可以先在 RAM 中模仿异常向量表结构构造一个新的异常向量表，再将新的异常向量表地址保存至该寄存器即可完成重定位。

系统处理优先级寄存器(SHPR)是 8 位寄存器，共有 12 个，地址为从 0xE000ED18 至 0xE000ED23。其中，7 个分别为存储器管理错误、总线错误、使用错误、SVC、调试监控、PendSV 和 SysTick 配置优先级。

系统处理控制和状态寄存器(SHCSR)的地址为 0xE000ED24，用于使能使用错误、存储器管理错误和总线错误这三个异常，错误的挂起状态和多数系统异常的活跃状态也可从中得到。

PRIMASK 寄存器只能在特权状态下访问，用于禁止除 NMI 和 HardFault 外的所有异常。当 PRIMASK 置位时，所有错误事件都会触发 HardFault 异常。

FAULTMASK 寄存器的置位操作相当于将当前的优先级修改为−1，异常退出时自动清除。仅在特权状态下 FAULTMASK 置位，只有 NMI 异常才被处理。

4. 异常处理程序设计

异常向量表定义了 240 个中断的异常向量，即 IRQ0_Handler-IRQ239_Handler，其相应的中断编号为 0～239。

假定中断编号为 m，其相应的异常编号为 16+m，在异常向量表的偏移地址为 64+4m 存储单元定义异常向量，即

DCD   IRQm_Handler

并在代码区添加相应的默认处理函数，即

IRQm_Handler   PROC

  EXPORT IRQm_Handler   [WEAK]

```
    ;用户处理代码
    BX LR
    ENDP
```
该中断的异常处理程序也可以用 C 语言编写，即

```
void IRQm_Handler()
{
//用户处理代码
}
```

假定有两个中断 IRQ0 和 IRQ1，在 SVC 异常处理函数中触发 IRQ0，在 IRQ0 异常处理函数中触发 IRQ1。其中，SVC 的优先级为默认值 0，IRQ0 和 IRQ1 的优先级均设置为低于 SVC，即

```
void SVC_Handler(void)
{
    NVIC->STIR=0x00;//软件触发 IRQ0
}
void IRQ0_Handler(void)
{
    NVIC->STIR=0x01;//软件触发 IRQ1
}
void IRQ1_Handler(void)
{
}
```

1）两个中断的优先级相同

在主程序中将 IRQ0 和 IRQ1 的优先级都设为 0x20 并使能中断，随后触发 SVC 异常。程序如下：

```
int main()
{
    NVIC->IP[0]=0x20;        //配置 IRQ0 中断优先级
    NVIC->IP[1]=0x20;        //配置 IRQ1 中断优先级
    NVIC->ISER[0]|=0x3;      //使能 IRQ0 和 IRQ1
    __asm{SVC #0}            //产生 SVC 异常
    while(1);
}
```

进入调试界面后，在三个异常处理程序中共设 5 个断点。SVC 和 IRQ0 的异常处理采用两个断点，这是为了测试产生中断后是否立即响应。运行时共暂停 5 次，其执行顺序如图 5-26 所示。由于 SVC 的优先级大于 IRQ0 的，因此产生 IRQ0 中断时程序不会立即响应，执行完 SVC 异常处理程序后才响应。IRQ1 产生后也要等 IRQ0 中断处理结束后才响应。

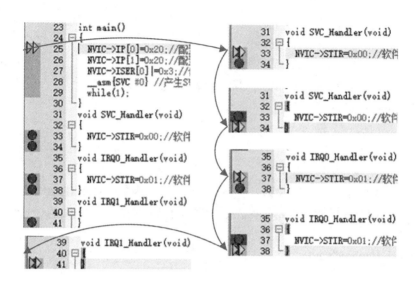

图 5-26　同优先级中断响应测试

2) IRQ1 的优先级比 IRQ0 的优先级高

将 IRQ0 和 IRQ1 的优先级分别设为 0x40 和 0x20。其执行顺序如图 5-27 所示。与图 5-26 不同的是，在 IRQ0 异常处理中产生 IRQ1 中断后，立即得到响应。等执行完 IRQ1 的中断处理后才继续执行 IRQ0 中断处理。这种情况称为中断嵌套。

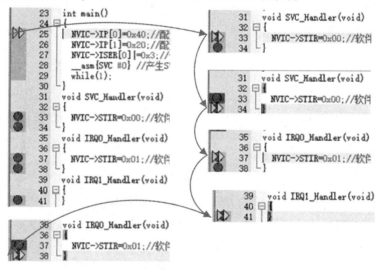

图 5-27　不同优先级中断响应测试

5.3.4　SysTick

SysTick 属于 NVIC 的一部分，可以产生 SysTick 异常(异常类型编号为 15)。它是一个简单的向下计数的 24 位计数器，使用的是处理器时钟或外部参考时钟(片上时钟源)。

在操作系统(OS)中，需要一个周期性的中断来定期触发操作系统内核，使处理器可以在不同时间片内处理不同任务。微处理器确保运行在非特权等级的应用任务无法禁止该定时器，以免锁定整个系统。当不需要使用 OS 时，该定时器可以作为简单的定时器外设，用来产生周期性中断或延时。

SysTick 的基本结构框图如图 5-28 所示。

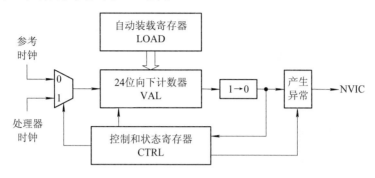

图 5-28　SysTick 的基本结构框图

SysTick 共有 4 个寄存器，如表 5-2 所示。

表 5-2　SysTick 寄存器

地址	名　　称	描　　　述
0xE000E010	CTRL	控制和状态寄存器
0xE000E014	LOAD	自动装载寄存器
0xE000E018	VAL	当前计数寄存器
0xE000E01C	CALIB	校准寄存器

控制和状态寄存器各位的含义如表 5-3 所示。

表 5-3　SysTick 的控制和状态寄存器

位	名　　称	类型	复位值	描　　　　述
16	COUNTFLAG	RO	0	当定时器计数到 0 时，该位变 1。当读取寄存器或清除计数器当前值时清零
2	CLKSOURCE	RW	0	0 表示外部参考时钟，1 表示内核时钟
1	TICKINT	RW	0	1 表示定时器计数减至 0 时产生异常，0 表示不产生异常
0	ENABLE	RW	0	定时器使能

自动装载寄存器为 24 位数，保存计数器减到 0 时重新加载的数值。

当前计数寄存器也为 24 位数，保存计数器的当前值。读取时，返回当前的计数值；写任意值时清除寄存器值，与此同时控制和状态寄存器中的计数标志也会被清零。

校准寄存器的参数如表 5-4 所示。

表 5-4　校准寄存器的参数

位	名称	类型	复位值	描　　　述
31	NOREF	R	—	1 表示没有外部参考时钟，0 表示有外部参考时钟
30	SKEW	R	—	0 表示校准值并非精确的，1 表示校准值是精确的
23:0	TENMS	RW	0	1、0 校准值。值为 0 表示校准值不可用

SysTick 的操作流程是：

(1) 将 0 写入控制和状态寄存器以禁止该定时器。

(2) 将新的重加载值写入自动装载寄存器，重加载值应为周期数减 1。

(3) 将任何数值写入当前计数寄存器，该寄存器会被清零。

(4) 将控制和状态寄存器的 ENABLE 位置 1，启动定时器。

若用轮询模式使用该定时器，则可以通过查看控制和状态寄存器中的计数标志位来确定定时器是否变为 0。

下面代码可完成特定时长定时以实现延时操作。

```
typedef struct {
    unsigned int CTRL;
    unsigned int LOAD;
    unsigned int VAL;
    unsigned int CALIB;
}SysTick_def;
#define SysTick    ((volatile SysTick_def*)0xE000E010);
void Delay()
{
    SysTick->CTRL = 0;                          //禁止 SysTick
    SysTick->LOAD = 0xff;                       //计数范围 255～0(256 个周期)
    SysTick->VAL = 0;                           //清除当前值和计数标志
    SysTick->CTRL = 5;                          //使能 SysTick 定时器并使用处理器时钟
    while((SysTick->CTRL & 0x00010000) == 0);   //等待计数标志置位
    SysTick->CTRL = 0;                          //禁止 SysTick
}
```

使用 SysTick 中断时，在异常向量表中加入相应的异常处理向量，编写相应的异常处理函数。在初始化 SysTick 时，使能定时器的同时要使能中断。

5.4　STM32F4 系统结构

将微处理器系统集成在一个集成电路中，就构成了片上微处理器系统，也称为微控制器。本书中的 STM32F4 是意法半导体推出的基于带 FPU 的 Cortex-M4 的高性能微控制器。

5.4.1　系统总线

整个系统是由 Cortex-M4 处理器通过 32 位多层 AHB 总线矩阵实现与存储器、外设等部件相连而构成的，如图 5-29 所示。

系统总线有 6 个主总线和 5 个从总线。

主总线分别为内核程序代码总线(I-Bus)、内核程序数据总线(D-Bus)、内核系统总线

(S-Bus)、DMA1 存储器总线(DMA-MEM1)、DMA2 存储器总线(DMA-MEM2)和 DMA2 外设总线(DMA-P2)。

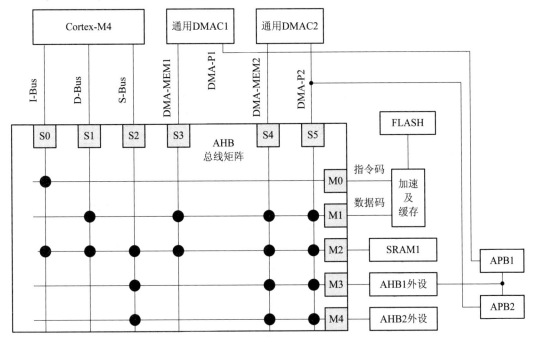

图 5-29　系统总线连接图

从总线分别为内部 FLASH 单元的指令码总线和数据码总线、SRAM1 总线、AHB1 外设总线、AHB2 外设总线。

总线矩阵包括 5 个主总线口和 6 个从总线口，主总线口连接系统从总线，从总线口连接系统主总线。总线矩阵提供一主到一从的接入，甚至在几个高速外设同时工作时都可同时接入和高效传输。总线矩阵中标出了各总线口之间的内部可用的连接关系。

处理器通过 I-Bus 和 D-Bus 访问 FLASH 和 SRAM1，通过系统总线访问所有 SRAM1 和外设。2 个 DMAC 都可访问 FLASH、SRAM1 和外设，同时支持存储器到存储器、存储器到外设以及外设到外设的数据传输。

存储器的接入通常是高速的，故直接连接到总线矩阵端口上。外设有低速设备和高速设备之分，高速外设使用 AHB 总线，低速外设使用 APB 总线，APB 总线通过总线桥连接至 AHB 总线。

系统采用两个 AHB 连接外设，AHB1 主要连接低速外设总线桥和高速外设，AHB2 连接高速外设。系统总线与外设的连接如图 5-30 所示。

图 5-30 中，主要连接关系如下：

(1) AHB2 总线连接 USB。

(2) AHB1 总线连接直接存储控制器 DMA1 和 DMA2、FLASH 接口、重置与时钟控制器(RCC)、循环冗余校验计算(CRC)单元、6 组通用输入/输出(GPIO)端口。

(3) APB2 连接系统配置控制器(SYSCFG)、模/数转换器(ADC)、外部中断及事件控制器(EXTI)、安全数字输入/输出接口(SDIO)、4 个定时器(TIM)、2 个串型外设接口(SPI)、2 个通用同步异步收发器(USART)。

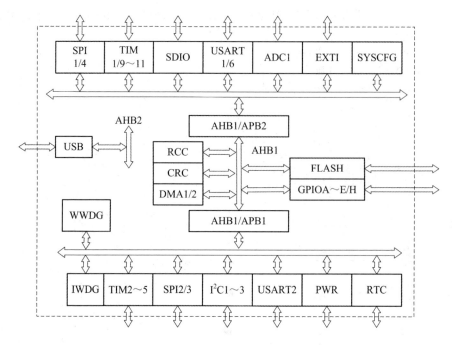

图 5-30 系统总线与外设的连接

(4) APB1 连接电源管理单元(PWR)、系统窗看门狗(WWDG)、独立看门狗(IWDG)、实时时钟(RTC)、4 个 TIM、2 个 SPI、3 个内部集成总线(I²C)、1 个 USART。

每个外设都有自己的接口寄存器，所有的接口寄存器都有唯一地址与之对应。每个接口寄存器以 32 位字宽分配，即占用 4 个地址。

每个外设都与 NVIC 相连，通过产生中断请求的方式来实现实时处理功能。NVIC 为这些外设分配专用的中断编号。

5.4.2 系统时钟

为了适用不同的应用场合和不同的内部部件的要求，系统通常提供多个时钟。本系统有 7 个时钟产生电路，即内部的低速和高速时钟 RC 振荡电路、外部的低速和高速时钟晶体振荡电路以及锁相环振荡电路。时钟电路产生的时钟如表 5-5 所示。系统采用时钟控制寄存器(RCC_CR)来使能时钟电路和配置时钟频率。

表 5-5 时 钟 列 表

序号	时钟名称	简写	类型	频率范围
1	内部低速时钟	LSI	RC 振荡	32 kHz
2	外部低速时钟	LSE	晶体振荡	32.768 kHz
3	外部高速时钟	HSE	晶体振荡	4～26 MHz
4	内部高速时钟	HSI	RC 振荡	16 MHz
5	锁相环时钟	PLLCLK	PLL-VCO (PLL)	
6	48 MHz 锁相环时钟	PLL48CK		48 MHz
7	I²S 锁相环时钟	PLLI2SCLK		

系统时钟 SYSCLK 从 HSE、HSI、PLLCLK 中选择其一。SYSCLK 通过 AHB 预分频后得到 AHB 时钟 HCLK，即 HCLK=SYSCLK÷M，其中 M=1～512，HCLK 用于 AHB 总线、处理器内核、存储器和 DMA。HCLK 通过 APBx 预分频后得到 APBx 时钟 PCLKx，即 PCLKx=HCLK÷M，其中 M=1、2、4、8、16。

系统通过时钟配置寄存器来配置产生 SYSCLK、HCLK、PCLK1 和 PCLK2，其中 SYSCLK 最高可达 84 MHz。

系统加电后，时钟默认配置如图 5-31 所示，SYSCLK、HCLK 和 PCLKx 时钟都是 16 MHz。

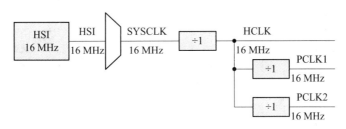

图 5-31　系统默认时钟配置

外设的工作时钟来源于这些时钟源。每个外设都由自己独立的时钟控制，在加电初始时都是禁止的，每次使用前一定要使能。外设的时钟使能位位于所在的外设时钟使能寄存器中。

5.4.3　DMA 系统

DMA 系统应用连接如图 5-32 所示。其中，DMAC 通过与其他的系统主设备共享 AHB 总线来实现存储直接传输，通过软件可配置 DMAC 的流通道来执行块传输。

片上有两个 DMAC，每个 DMAC 有 8 个流通道，每个流通道都直接连接专用的硬件 DMA 请求，最多可支持 8 种外设 DMA 请求，也支持软件触发。

DMA 系统支持存储器与存储器之间、外设与存储器之间的数据传输。FLASH、SRAM、APB1/APB2 和 AHB 的外设都可作为访问的源和目标。

源和目标数据区的传输宽度可按字节、半字或字独立配置，但源和目标的地址必须和数据传输宽度对齐。

每个流通道都有 3 个事件标志(DMA 半传输，DMA 传输完成和 DMA 传输出错)。

当外设发生一个直接存储传输事件时，首先向 DMAC 发送一个请求信号，DMAC 根据流通道的优先权处理外设发来的请求。然后 DMAC 访问发出请求的外设，同时给外设发送一个应答信号。外设从 DMAC 得到应答信号后立即释放请求，一旦外设释放了这个请求，DMAC 就同时撤销应答信号。如果有更多的请求发生，则外设可以启动下一个周期。

在使用 DMA 时，首先设置流通道数据源和目的地址，接着配置传输总数，然后配置流通道传输参数(如优先级、传输方向、重复模式、地址增量模式、数据位宽和中断使能)，最后使能流通道。

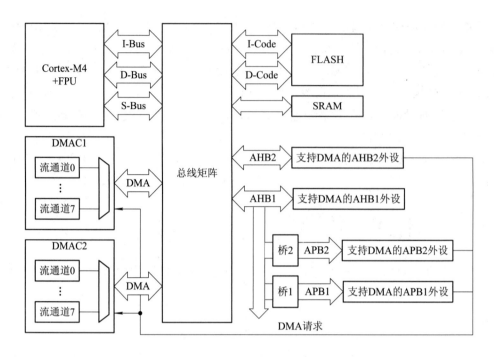

图 5-32　DMA 系统应用连接

DMA 传输过程由以下三个操作组成：

(1) 从外设或存储器的当前源地址取数据，并根据地址增量模式更新源地址；

(2) 将数据保存在外设或存储器的当前目的地址处，并根据地址增量模式更新的地址；

(3) 执行一次传输数目递减操作，周而复始，直到传输数目为 0 时停止传输。

DMAC 每个流通道支持多个不同通道的请求，通过设置通道选择码来确定当前的流通道支持哪个通道的 DMA 请求。表 5-6 和表 5-7 分别是 DMAC1 和 DMAC2 的 DMA 请求选择对照表。

表 5-6　DMAC1 的 DMA 请求选择对照表

通道码	流通道 0	流通道 1	流通道 2	流通道 3	流通道 4	流通道 5	流通道 6	流通道 7
0000	SPI3_RX	—	SPI3_RX	SPI2_RX	SPI2_TX	SPI3_TX	—	SPI3_TX
0001	I2C1_RX	I2C3_RX	—	—	—	I2C1_RX	I2C1_TX	I2C1_TX
0010	TIM4_CH1	—	I2S3_EXT_RX	TIM4_CH2	I2S2_EXT_TX	I2S3_EXT_TX	TIM4_UP	TIM4_CH3
0011	I2S3_EXT_RX	TIM2_UP TIM2_CH3	I2C3_RX	I2S2_EXT_RX	I2C3_TX	TIM2_CH1	TIM2_CH2 TIM2_CH4	TIM2_UP TIM2_CH4
0100	—	—	—	—	—	USART2_RX	USART2_TX	—
0101	—	—	TIM3_UP TIM3_CH4	—	TIM3_CH4 TIM3_TRIG	TIM3_CH2	—	TIM3_CH3
0110	TIM5_UP TIM5_CH3	TIM5_CH4 TIM5_TRIG	TIM5_CH1	TIM5_CH4 TIM5_TRIG	TIM5_CH2	I2C3_TX	TIM4_CH3	—
0111	—	—	I2C2_RX	I2C2_RX	—	—	—	I2C2_TX

表 5-7　DMAC2 的 DMA 请求选择对照表

通道码	流通道 0	流通道 1	流通道 2	流通道 3	流通道 4	流通道 5	流通道 6	流通道 7
0000	ADC1	—	—	—	ADC1	—	TIM1_CH1 TIM1_CH2 TIM1_CH3	—
0001	—	—	—	—	—	—	—	—
0010	—	—	—	—	—	—	—	—
0011	SPI1_RX	—	SPI1_RX	SPI1_TX	—	SPI1_TX	—	
0100	SPI4_RX	SPI4_TX	USART1_RX	SDIO	—	USART1_RX	SDIO	USART1_TX
0101	—	USART6_RX	USART6_RX	SPI4_RX	SPI4_TX	—	USART6_TX	USART6_TX
0110	TIM1_TRIG	TIM1_CH1	TIM1_CH2	TIM1_CH1	TIM1_CH4 TIM1_TRIG TIM1_COM	TIM1_UP	TIM1_CH3	—
0111	—	—	—	—	—	—	—	—

　　DMAC 既支持单次 DMA 传输，也支持连续 DMA 传输。连续 DMA 传输是在完成当前的 DMA 传输后，立即自动重新加载初始值，接着开始下一轮的 DMA 传输操作。

5.5　管脚配置

　　STM32F401 共有 5 种不同的封装：UFBGA100、LQFP100、WLCSP49、UFQFPN48 和 LQFP64。每种封装的管脚数不同，支持的外设数目也不同。下面以 LQFP64 封装的 STM32F401Rx 作为描述对象，管脚分布如图 5-33 所示。

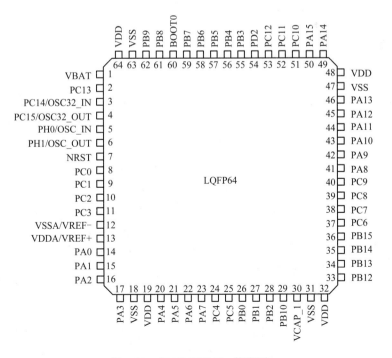

图 5-33　STM32F401Rx 管脚图

在 STM32F401Rx 的外部管脚中，电源类有 VDD(数字电源)、VSS(数字地)、VDDA(模拟电源)、VSSA(模拟地)、VBAT(电池电源)。

时钟电路管脚有 OSC32_IN、OSC32_OUT、OSC_IN、OSC_OUT。

控制管脚有 NRST、BOOT0。

调试管脚有 PA13(JTMS-SWDIO)、PA14(JTCK-SWCLK)、PA15(JTDI)、PB3(JTDO-SWO)、PB4(JTRST)。

GPIO 管脚有 PA0～15、PB0～10、PB12～15、PC0～15、PD2、PH0/1，其中有部分管脚与时钟管脚、控制管脚和调试管脚复用。

每个 I/O 管脚除了作为外设 GPIO 的输入/输出外，还可以作为多个外设的输入/输出管脚。当使用某个外设时，需要通过配置寄存器将相应的 I/O 管脚变为该外设的管脚，这种方式称为管脚复用，这种功能也称为备选功能(AF)，相应的外设称为备选外设。

每个输入/输出管脚的内部结构如图 5-34 所示。

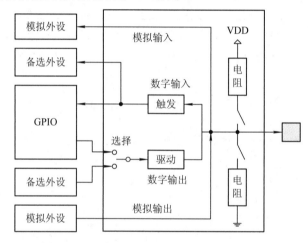

图 5-34　管脚的内部结构

1. 管脚参数配置

输入分为模拟输入和数字输入。模拟输入直接连接模拟外设的输入端；数字输入则通过触发缓冲后连接到 GPIO 和备选外设的输入端，其中的触发缓冲用来对接收到的电平波形进行整型。

输出也分为模拟输出和数字输出。模拟输出直接连接模拟外设的输出端；数字输出时，GPIO 或备选外设的输出端分别连接二选一开关，通过选择开关进入驱动单元后产生电平，再输出到外部。其中，驱动主要有两种工作方式：直接产生高低电平的推挽(Push-Pull，PP)和需要外部提供电流才能产生高低电平的开漏(Open Drain，OD)。

为了适应外部连接，管脚既可以采用上拉(Pull Up, PU)模式，即通过电阻接电源，也可采用下拉(Pull Down, PD)模式，即通过电阻接地，还可以采用浮空模式，即什么都不接。作为输入时，上拉默认输入为 1，下拉默认输入为 0。对于开漏的输出，如果内部不上拉，那么管脚外部必须上拉。

每个管脚都可以配置成模拟输入/输出、数字输入或数字输出，即可配置为以下几种类型：模拟输入/输出、浮空数字输入、上拉数字输入、下拉数字输入、GPIO 推挽输出、GPIO

上拉推挽输出、GPIO 下拉推挽输出、GPIO 开漏输出、GPIO 上拉开漏输出、GPIO 下拉开漏输出、AF 推挽输出、AF 上拉推挽输出、AF 下拉推挽输出、AF 开漏输出、AF 上拉开漏输出、AF 下拉开漏输出。

推挽输出是最为常用的输出模式，它可输出高电平，也可输出低电平。

开漏输出需外接上拉电阻，一般应用于线与连接。

2. 管脚复用与重映射

系统把备选功能分为 16 类，标记为 AF0～AF15，每个功能都对应特定的设备，如表 5-8 所示。每个管脚都可以通过配置用于这 16 个备选外设之一。

表 5-8　备选外设分类

功能	设　　备	功能	设　　备	功能	设　　备	功能	设　　备
AF0	系统功能	AF4	I2C1～3	AF8	USART6	AF12	SDIO
AF1	TIM1/2	AF5	SPI1～4	AF9	I2C2/3	AF13	—
AF2	TIM3～5	AF6	SPI3	AF10	OTG_FS	AF14	—
AF3	TIM9～11	AF7	USART1/2	AF11	—	AF15	EVENTOUT

有些管脚除了赋予外设备选功能外，还赋予附加功能，如作为 ADC、RTC、WKUPx 的输入/输出等。表 5-9 是管脚 16 的功能复用表。

表 5-9　管脚 16 的功能复用表

功能	GPIO	附加功能	AF0	AF1	AF2	AF3
引脚	PA2	ADC1_IN2	—	TIM2_CH3	TIM5_CH3	TIM9_CH1
功能	AF4	AF5	AF6	AF7	AF8	AF9
引脚	—	—	—	USART2_TX	—	—
功能	AF10	AF11	AF12	AF13	AF14	AF15
引脚	—	—	—	—	—	EVENTOUT

3. 启动配置

系统启动程序可以保存在主 FLASH、系统存储器和内嵌 SRAM 中。

主 FLASH 存放用户程序，即内存镜像。在实际开发中，可由 IDE 中的专用编程器将可执行的内存镜像写入 FLASH 中。有时调试程序时也会自动将内存镜像写入 FLASH 中。

系统存储器内嵌了启动代码固件，作为自举程序，用于下载用户的应用程序到 FLASH 中。

内嵌 SRAM 只能存放临时运行且代码量比较小的程序，方便进行在线调试仿真。

系统加电或处理器从待机模式退出时，通过捕获外部启动管脚 BOOT0 和 BOOT1(PB2) 的电平来确认启动代码在哪里，即地址 0x00000000 对应的存储器是哪一个。选择组合逻辑为：BOOT0=0 时选择主 FLASH；BOOT0=1、BOOT1=0 时选择系统存储器；BOOT0=1、BOOT1=1 时选择内嵌 SRAM。

BOOT1 与 PB2 共享管脚，在捕获后不再用作 BOOT1，而作为 GPIO 使用。

每个存储器都有各自的地址，被重映射后原地址仍然有效，即一个存储器可以使用两个地址访问。

5.6 中断系统

5.6.1 中断源

STM32F401 的 NVIC 支持 56 个可屏蔽中断通道，16 个可编程优先级。每个中断通道都有唯一的异常编号，如表 5-10 所示。

表 5-10 中断异常编号列表

编号	中断源	编号	中断源	编号	中断源	编号	中断源
16	WWDG	38	—	60	—	82	—
17	EXTI16/PVD	39	EXTI9_5	61	—	83	OTG_FS
18	EXTI21/RTC_TAMP_STAMP	40	TIM1_BRK TIM9	62	—	84	DMA2_Stream5
19	EXTI22/RTC_WKUP	41	TIM1_UP TIM10	63	DMA1_Stream7	85	DMA2_Stream6
20	FLASH	42	TIM1_TRG_COM TIM11	64	—	86	DMA2_Stream7
21	RCC	43	TIM1_CC	65	SDI0	87	UASRT6
22	EXTI0	44	TIM2	66	TIM5	88	I2C3_EV
23	EXTI1	45	TIM3	67	SPI3	89	I2C3_ER
24	EXTI2	46	TIM4	68	—	90	—
25	EXTI3	47	I2C1_EV	69	—	91	—
26	EXTI4	48	I2C1_ER	70	—	92	—
27	DMA1_Stream0	49	I2C2_EV	71	—	93	—
28	DMA1_Stream1	50	I2C2_ER	72	DMA2_Stream0	94	—
29	DMA1_Stream2	51	SPI1	73	DMA2_Stream1	95	—
30	DMA1_Stream3	52	SPI2	74	DMA2_Stream2	96	—
31	DMA1_Stream4	53	USART1	75	DMA2_Stream3	97	FPU
32	DMA1_Stream5	54	USART2	76	DMA2_Stream4	98	—
33	DMA1_Stream6	55	EXTI15_10	77	—	99	—
34	ADC1	56	EXTI17/RTC_ALARM	78	—	100	SPI4
35		57	EXTI18/OTG_FS_WKUP	79	—	101	—
36	—	58		80		102	
37	—	59	—	81		103	—

表 5-10 中的 EXTIx 指外部事件，它由专用的外部中断和事件控制器(EXTI)来处理。

EXTI 管理外部和内部的异步事件或中断，并产生事件请求至中断控制器。

5.6.2 EXTI

EXTI 允许管理 23 个事件线 EXTI0～EXTI22。其中，EXTI0～EXTI15 连接 GPIO 所对应的管脚，EXTI16～EXTI22 连接 PVD、RTC、USB 等设备。如图 5-35 所示，EXTIx 有 6 个来源，分别是 PAx～PEx、PHx，具体有效输入与型号有关。

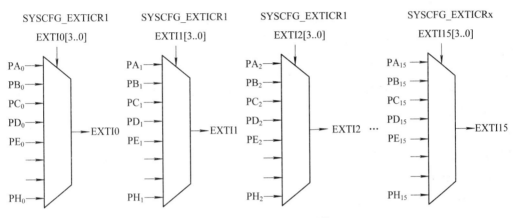

图 5-35　EXTI 来源选择结构

每条线的选择位 EXTIi[3..0]在系统配置的四个寄存器中，即 EXTICR1～EXTICR4。如表 5-11 所示，每个寄存器的低 16 位配置 4 条线，从低位向高位，每四位配置一条线。

表 5-11　EXTI 控制寄存器

寄存器	位				
	31～16	15～12	11～8	7～4	3～0
EXTICR1	保留	EXTI3	EXTI2	EXTI1	EXTI0
EXTICR2	保留	EXTI7	EXTI6	EXTI5	EXTI4
EXTICR3	保留	EXTI11	EXTI10	EXTI9	EXTI8
EXTICR4	保留	EXTI15	EXTI14	EXTI13	EXTI12

表 5-11 中，EXTIx 取值的含义为：0000——PAx，0001——PBx，0010——PCx，0011——PDx，0100——PEx，0101——PFx，0110——PGx，0111——PHx。

图 5-36 是 EXTI 的硬件结构示意图，它由多个配置寄存器和相关处理电路组成。

上升沿和下降沿触发选择寄存器配置边沿触发条件，允许双沿触发。软件中断事件寄存器通过软件产生事件和中断，方便功能调试。中断和事件屏蔽寄存器配置是否产生中断和事件，它可配置产生事件的中断，但不能直接产生中断，而是对挂起请求寄存器置位，由挂起请求寄存器产生向 NVIC 的请求。

当输入线上产生事件时，先进行边沿检测，根据上升沿触发选择寄存器和下降沿触发选择寄存器的相应配置决定是否输出内部触发；再根据中断屏蔽寄存器和事件屏蔽寄存器的相应配置决定是否产生事件请求并对挂起请求寄存器置位；最后挂起请求寄存器产生中断请求发送给 NVIC。

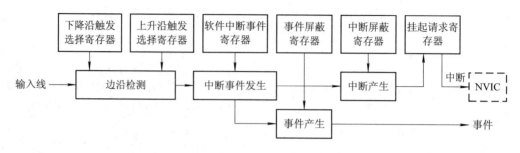

图 5-36　EXTI 硬件结构

5.6.3　中断程序设计示例

由 EXTI13 触发中断时,其中断异常编号为 56,相应的服务函数为 EXTI15_10_IRQHandler。定时器 TIM2 产生中断时,其中断异常编号为 44,相应的服务函数为 TIM2_IRQHandler。使用 DMA1 流通道 3 产生中断时,其中断异常编号为 30,相应的服务函数为 DMA1_Stream3_IRQHandler。使用 UART1 产生中断时,其中断异常编号为 53,相应的服务函数为 UART1_IRQHandler。

startup.s 中异常向量表更新的代码如下:

```
__Vectors
    DCD     _initial_sp
    DCD     Reset_Handler ;EID:1
    SPACE   4*28
    DCD     DMA1_Stream3_IRQHandler ;EID:30
    SPACE   4*13
    DCD     TIM2_IRQHandler ;EID:44
    SPACE   4*8
    DCD     UART1_IRQHandler ;EID:53
    SPACE   4*2
    DCD     EXTI15_10_IRQHandler ;EID:56
```

中断服务程序默认为哑函数,可以在 C 程序中重新定义这些中断服务程序。程序设计如下:

```
EXTI15_10_IRQHandler PROC
    EXPORT EXTI15_10_IRQHandler [WEAK]
    BX LR
    ENDP
TIM2_IRQHandler PROC
    EXPORT TIM2_IRQHandler [WEAK]
    BX LR
    ENDP
```

```
DMA1_Stream3_IRQHandler PROC
    EXPORT DMA1_Stream3_IRQHandler [WEAK]
    BX LR
    ENDP
UART1_IRQHandler PROC
    EXPORT UART1_IRQHandler [WEAK]
    BX LR
    ENDP
```

习　题

5-1　某 POS 机上有微处理器、小型键盘、LCD 显示器、打印机、银行卡读取器、移动通信模块，试画出这个微处理器的系统结构示意图。

5-2　某 32 位系统总线连接了三个存储区间，分别是 0x2000000～0x2000FFFF、0x20010000～0x20010FFF 和 0x2003000～0x200307FF，这三个区间分别采用 32 位 RAM、16 位 RAM 和 8 位 RAM 组成。画出系统连接示意图，标注关键信号，并确定每个 RAM 的容量及接口信号。

5-3　某移动通信模块接口地址为 0xFFFE5000，该模块内部有四个 8 位寄存器，分别为：状态寄存器(SR)和控制寄存器(CR)，片内地址都是 0x0，SR 为只读，CR 为只写；发送数据寄存器(TDR)和接收数据寄存器(RDR)，片内地址都是 0x1，TDR 为只写，RDR 为只读。画出该模块与 32 位系统总线相连的连接示意图，并编写四个函数，分别实现状态读取 char StsRead()、操作控制 void OprCtrl(char cmd)、接收数据读取 char DataRx () 和发送数据写入 void DataTx(char txd) 等四个功能。

5-4　全双工通信设备和半双工通信设备在功能和连接上有什么差别？多个全双工通信设备能否采用总线结构？

5-5　UART 配置为 8 个数据位、1 个停止位和无校验，波特率为 1000，画出传输 0x55 的时域波形。

5-6　ADC 参考电压为 3 V，采用 8 位采样，当输入电压为 2 V 时，ADC 采样值为多少？

5-7　Cortex-M4 总线有几种？各有什么作用？

5-8　系统异常由哪几个部件来控制和管理？它们各有什么作用？

5-9　NVIC 可以配置多少外部中断？可管理的优先级是多少？

5-10　NVIC 含有哪些寄存器来配置和管理中断？

5-11　编写使用 IRQ4 的相关程序，其处理函数采用哑函数，在主程序中使用软件触发方式调试该程序，并在 Keil 中验证。

5-12　处理器时钟为 16 MHz，系统时钟 SysTick 设定每 10 ms 产生一次 SysTick 异常，编写响应 SysTick 异常的相关程序，其处理函数采用哑函数，并在 Keil 中验证。

5-13　假定定时器的 CLK_PSC 为 16 MHz，预分频器的值为 99，自动装载寄存器的值为 3999，产生更新事件的周期为多少？

5-14　STM32F4 系列 MCU 的管脚有多少种配置？一个管脚的备选设备最多有多少种？通过查阅器件手册资料列出 STM32F401 的 PA0 管脚的功能复用表。

5-15　PC4 管脚上的电平从低到高时产生中断，如何配置才能实现中断处理？假定中断处理为哑函数，给出相应的中断配置和中断处理程序。

第六章 常规外设应用设计

外设操作的实质是通过对外设接口中的寄存器进行读写来实现操作控制、状态读取、参数配置和数据收发。

本章以 STM32F401 为平台，首先介绍了时钟管理、GPIO、EXTI、定时器、UART 等常规外设的应用设计，接着介绍了 DMA 的实现过程，最后介绍了 ADC 的实际使用，其中穿插介绍了轮询和中断的应用。

本章学习目的：
(1) 熟悉常规外设的基本操作步骤；
(2) 掌握在实际应用中外设控制体的定义、初始化方法；
(3) 熟悉轮询和中断处理方式；
(4) 了解 DMA 传输和 ADC 功能。

6.1 平 台 简 介

开发板 Nucleo-F401RE 是基于 STM32F401RE 构建的开发板，如图 6-1 所示。

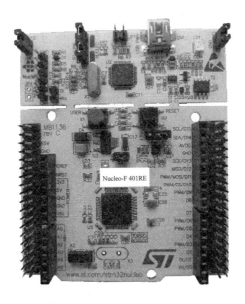

图 6-1 Nucleo-F401RE 开发板

开发板上板载多种连接器、按钮和 LED 指示灯，如图 6-2 所示。

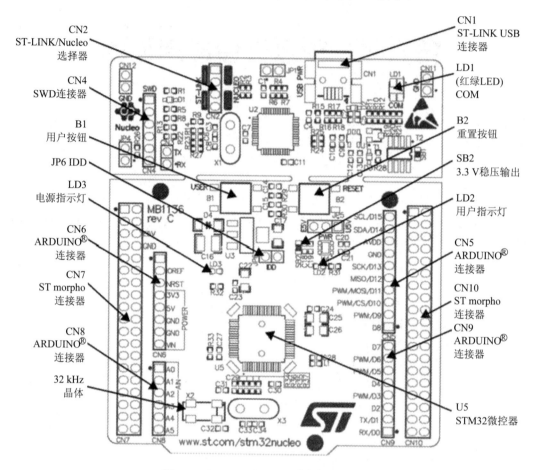

图 6-2　Nucleo-F401RE 开发板板载分布图

图 6-2 中，ST-LINK 直接通过 USB 与计算机相连，可以利用 MDK-ARM 进行程序开发。用户按钮(B1)一端与地相连，另一端与管脚 PC13 相连，并通过 4.7 kΩ 与电源连接。按钮未按下时，管脚 PC13 上的电压为 3.3 V(高电平)，按下时电压为 0 V(低电平)。用户指示灯(LD2)的 N 端与地相连，P 端通过电阻和管脚 PA5 相连。PA5 的电压为 3.3 V(高电平)时用户指示灯发光，为 0 V(低电平)时用户指示灯不发光。USB 既可作为 ST-LINK，又可作为 USART2 的串口，连接管脚 PA2 和 PA3。在计算机上可通过串口调试工具与板子进行串口数据收发。

在使用时，JP5 选择 U5V 供电，JP6 短接，CN11 和 CON12 短接。

用 Keil MDK-ARM 进行程序设计与调试。使用之前必须先成功安装 STM32F401xx 的资源包。新建工程时在"Device"对话框中选择"STMicroelectronics"→"STM32F401"→"STM32F401RE"→"STM32F401RETx"，如图 6-3 所示。

工程建立完成后，在工程选项的"Debug"对话框中设置使用 ST-Link Debugger，如图 6-4 所示。若没有此调试器，则运行 Keil 文件夹下的子文件夹 ARM/STLINK/USBDriver 中的 dpinst_x86.exe(32 位系统)和 dpinst_amd64.exe(64 位系统)。

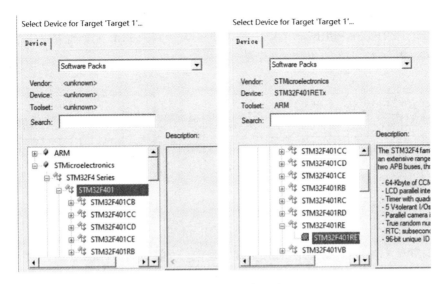

图 6-3　选择器件界面

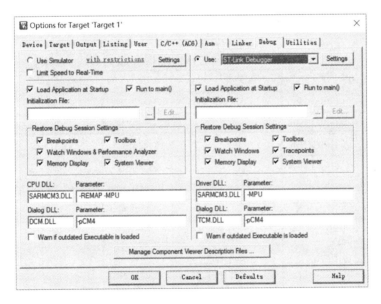

图 6-4　调试器配置

　　然后新建或添加源文件 startup.s 和 main.c，则异常向量表更改在 startup.s 中进行，接口定义和处理函数均在 main.c 中进行。

6.2　时　钟　管　理

　　时钟系统由四种振荡电路提供，即 HSI 振荡器、HSE 振荡器、PLL 频率合成器和用于 I2S 的 PLL 频率合成器。通常采用时钟控制寄存器(CR)中的 HSION、HSEON、PLLON 和 PLL2SON 四位分别控制这些时钟。

系统时钟和外设时钟的产生如图 6-5 所示，其中的参数由时钟配置寄存器(CFGR)中的 SW、HPRE、PPRE1 和 PPRE2 来配置，PLL 的相关参数由 PLL 配置寄存器(PLLCFGR)中的 PLLSRC、PLLM、PLLN 和 PLLP 来配置。

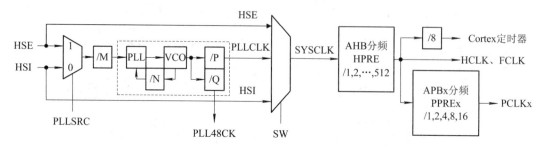

图 6-5　时钟产生示意图

启动时默认配置是 16 MHz 的 HSI 振荡器使能，并被选为 SYSCLK，HPRE = PPRE1 = PPRE2 = 1，故 HCLK = PCLK1 = PCLK2 = 16 MHz。

每个外设在使用前都要使能时钟，其使能位在所属的使能寄存器中，即 AHB1ENR、AHB2ENR、APB1ENR 和 APB2ENR。表 6-1 给出了所有外设的时钟使能位与相应的寄存器。

表 6-1　外设时钟使能寄存器列表

寄存器	位	含义	寄存器	位	含义	寄存器	位	含义
AHB1ENR	0	GPIOAEN	APB1ENR	0	TIM2EN	APB2ENR	0	TIM1EN
	1	GPIOBEN		1	TIM3EN		4	USART1EN
	2	GPIOCEN		2	TIM4EN		5	USART6EN
	3	GPIODEN		3	TIM5EN		8	ADC1EN
	4	GPIOEEN		11	WWDGEN		11	SDIOEN
	12	CECEN		14	SPI2EN		12	SPI1EN
	21	DMA1EN		15	SPI3EN		13	SPI4EN
	22	DMA2EN		17	USART2EN		14	SYSCFGEN
AHB2ENR	7	OTGFSEN		21	I2C1EN		16	TIM9EN
				22	I2C2EN		17	TIM10EN
				23	I2C3EN		18	TIM11EN
				28	PWREN			

RCC 共有 21 个寄存器，基地址为 0x40023800。采用 C 语言的结构体描述如下：

```
typedef struct {
    unsigned int CR, PLLCFGR, CFGR, CIR;        //时钟配置
    unsigned int AHB1RSTR, AHB2RSTR, rsv0[2];   // AHB 外设重置
    unsigned int APB1RSTR, APB2RSTR, rsv1[2];   // APB 外设重置
    unsigned int AHB1ENR, AHB2ENR, rsv3[2];     // AHB 外设时钟使能
    unsigned int APB1ENR, APB2ENR, rsv4[2];     // APB 外设时钟使能
```

```
unsigned int AHB1LPENR, AHB2LPENR, rsv5[2];//低功耗模式 AHB 外设时钟使能
unsigned int APB1LPENR, APB2LPENR, rsv6[2];//低功耗模式 APB 外设时钟使能
unsigned int BDCR, CSR, rsv7[2]，SSCGR, PLL2SCFGR, rsv8, DCKCFGR;
}RCC_def;
#define RCC   ((volatile   RCC_def*)0x40023800)          //定义 RCC 实例
```

6.3 通用输入/输出

GPIO 的核心功能是用作通用输入、输出接口，其部分管脚可以提供 AF 复用功能。

6.3.1 GPIO 寄存器组

GPIO 寄存器有 4 类：配置寄存器、数据寄存器、位控制寄存器和锁定寄存器。常用的寄存器有模式寄存器(MODER)、输出类型寄存器(OTYPER)、输出速率寄存器(OSPEEDR)、上拉下拉寄存器(PUPDR)、数据输入寄存器(IDR)、数据输出寄存器(ODR)、位置清寄存器(BSRR)以及备选功能寄存器(AFRL 和 AFRH)，它们的偏移量分别为 0x00、0x04、0x08、0x0C、0x10、0x14、0x20 和 0x24。具体内容如表 6-2 所示。

表 6-2 GPIO 寄存器

寄存器	位 含 义															
	31	30	29	28	27	26	25	24	23	22	21	20	19	18	17	16
	15	14	13	12	11	10	9	8	7	6	5	4	3	2	1	0
MODER	MODE15		MODE14		MODE13		MODE12		MODE11		MODE10		MODE9		MODE8	
	MODE7		MODE6		MODE5		MODE4		MODE3		MODE2		MODE1		MODE0	
	MODEx: 00—通用输入，01—通用输出，10—备选(AF)，11—模拟															
OTYPER	—	—	—	—	—	—	—	—	—	—	—	—	—	—	—	—
	OT15	OT14	OT13	OT12	OT11	OT10	OT9	OT8	OT7	OT6	OT5	OT4	OT3	OT2	OT1	OT0
	OTx: 0—推挽，1—开漏															
OSPEEDR	OSPEED15		OSPEED14		OSPEED13		OSPEED12		OSPEED11		OSPEED10		OSPEED9		OSPEED8	
	OSPEED7		OSPEED6		OSPEED5		OSPEED4		OSPEED3		OSPEED2		OSPEED1		OSPEED0	
	OSPEEDx: 00—低速，01—中速，10—高速，11—特高速															
PUPDR	PUPD15		PUPD14		PUPD13		PUPD12		PUPD11		PUPD10		PUPD9		PUPD8	
	PUPD7		PUPD6		PUPD5		PUPD4		PUPD3		PUPD2		PUPD1		PUPD0	
	PUPDx: 00—无，01—上拉，10—下拉，11—保留															
IDR	—	—	—	—	—	—	—	—	—	—	—	—	—	—	—	—
	I15	I14	I13	I12	I11	I10	I9	I8	I7	I6	I5	I4	I3	I2	I1	I0
	Ix：端口 x 的输入值															
ODR	—	—	—	—	—	—	—	—	—	—	—	—	—	—	—	—
	O15	O14	O13	O12	O11	O10	O9	O8	O7	O6	O5	O4	O3	O2	O1	O0
	Ix：端口 x 的输出值															

寄存器	位 含 义															
	31	30	29	28	27	26	25	24	23	22	21	20	19	18	17	16
	15	14	13	12	11	10	9	8	7	6	5	4	3	2	1	0
BSRR	BR15	BR14	BR13	BR12	BR11	BR10	BR9	BR8	BR7	BR6	BR5	BR4	BR3	BR2	BR1	BR0
	BS15	BS14	BS13	BS12	BS11	BS10	BS9	BS8	BS7	BS6	BS5	BS4	BS3	BS2	BS1	BS0
	BSx：写1端口x输出1，写0无操作；BRx：写1端口x输出0，写0无操作															
AFRL	AFS7				AFS6				AFS5				AFS4			
	AFS3				AFS2				AFS1				AFS0			
	AFSx：端口x的备选功能号，AF0～AF15															
AFRH	AFS15				AFS14				AFS13				AFS12			
	AFS11				AFS10				AFS9				AFS8			
	AFSx：端口x的备选功能号，AF0～AF15															

名称里的 x 表示寄存器的分组，其取值与 GPIO 的分组相同(A、B、C 等)，表明每组 GPIO 都包含这些寄存器，并各自独立工作。

在程序中使用 GPIO 时，采用 C 语言的结构体描述如下：

```
typedef struct {
    unsigned int MODER,OTYPER,OSPEEDR,PUPDR,IDR,ODR,BSRR,LCKR,AFR[2];
}GPIO_def;
#define GPIOA ((volatile    GPIO_def*)0x40020000)  //GPIOA 基地址指针
#define GPIOB ((volatile    GPIO_def*)0x40020400)  //GPIOB 基地址指针
#define GPIOC ((volatile    GPIO_def*)0x40020800)  //GPIOC 基地址指针
```

GPIO 的常规应用中寄存器操作步骤如下：

(1) 使能对应 GPIO 口时钟；

(2) 配置对应 GPIO 口的输入/输出模式、速率；

(3) 根据设定的输入/输出模式，操作相关数据寄存器。

6.3.2 GPIO 应用设计 1

1. 功能需求

开发呼吸灯功能，即 LED 一亮一灭，亮灭交替，周而复始。亮灭时长均约为 1 s。

2. 设计思路

将 PA5 配置成数字推挽输出。利用 PA5 输出高低电平控制 LED 的亮灭，即 PA5 输出高电平并保持约 1 s 时长，再输出低电平并保持 1 s 时长，反复操作。PA5 初始输出为高电平。

3. 软件流程

软件流程如图 6-6 所示。

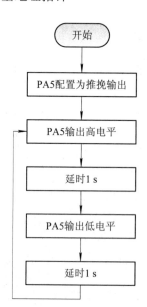

图 6-6 GPIO 应用设计 1 的
软件流程图

4. C 程序设计

1) LED 初始化函数

采用 LedInit 函数实现对 PA5 的设置。代码如下：

```
void LedInit(void)
{//设置 PA5 为通用推挽输出、高速
    RCC->AHB1ENR |= 1<<0;  //使能 GPIOA 时钟
    GPIOA->MODER = (GPIOA->MODER&~(0x3<<10))| (0x1<<10); //配 PA5 为输出
    GPIOA->OTYPER &=~(0x1<<5);//配置 PA5 为推挽输出
    GPIOA->OSPEEDR = (GPIOA->OSPEEDR &~(0x3<<10))| (0x2<<10);//配置 PA5 为
高速
    GPIOA->ODR |= 1<<5; //PA5 输出高电平
}
```

2) 灯亮灭控制函数

采用 LedFlash 函数控制 PA5 的电平输出。代码如下：

```
void LedFlash(int on)     //on==0 灭，on<>0 亮
{
    if(on) //on<>0,PA5 值应为 1
        GPIOA->ODR |= 1<<5; //也可用 GPIOA->BSRR = 1<<5 代替
    else    //on==0,PA5 值应为 0
        GPIOA ->ODR &=~(1<<5); //也可用 GPIOA->BSRR = 1<<21 代替
}
```

3) 延时 1 s 的实现

采用 Delay 函数空循环若干次。由 C 程序编译结果反汇编可知，循环一次需要执行 4 个指令周期，故计算可得循环次数约为 400 万次。代码如下：

```
void Delay(void)
{
    unsigned int i;
    for ( i=4000000; i>0; i-- );
}
```

4) 主函数

main 函数完成时钟使能、LED 控制端口初始化，并循环控制灯由亮变灭。代码如下：

```
int main( )
{
    LedInit();          //LED 初始化
    while(1)
    {
```

```
        LedFlash(1);    //灯亮
        Delay();        //延时
        LedFlash(0);    //灯灭
        Delay();        //延时
    }
    return 0;
}
```

6.3.3 GPIO 应用设计 2

1. 功能需求

开发键控灯功能，即灯灭时，按一下按钮灯亮，灯亮时，按一下按钮灯灭。

2. 设计思路

将 PA5 配置成数字推挽输出，PC13 配置成数字输入。检测到 PC13 的输入从高电平变为低电平时，PA5 的值翻转。PA5 初始输出高电平。

3. 软件流程图

软件流程如图 6-7 所示。

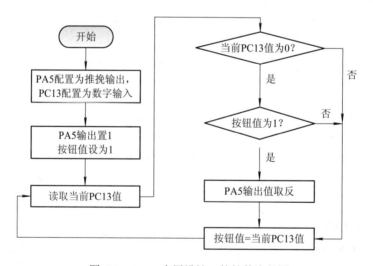

图 6-7　GPIO 应用设计 2 的软件流程图

4. C 程序设计

1) LED 初始化函数

采用函数 LedInit 实现，与 6.3.2 小节 GPIO 应用设计 1 中的相同。

2) 灯亮灭翻转函数

采用 LedSw 函数控制 PA5 电平翻转。代码如下：

```
void LedSw()
```

```
{
    GPIOA->ODR ^= 1<<5;
}
```

3) 按钮初始化函数

采用 BtnInit 函数将 PC13 配置为数字输入并上拉。代码如下:

```
void BtnInit()
{
    RCC->AHB1ENR |= 1<<2;                    //使能 GPIOC 时钟
    GPIOC->MODER &= ~(0x3<<26);              //PC13 配置为输入
    GPIOC->PUPDR = (GPIOC->PUPDR & ~(0x3<<26))|(0x1<<26); //PC13 配置为上拉
}
```

4) 读取按钮值函数

采用 BtnGet 函数实现对 PC13 电平的读取。代码如下:

```
int BtnGet()
{
    return (GPIOC->IDR >> 13)& 0x1;
}
```

5) 主函数

main 函数完成时钟使能、LED 和按钮初始化,并循环读取按钮的值以控制灯的亮灭。
代码如下:

```
int main( )
{
    int btn_previous, btn_current;
    LedInit();//LED 初始化
    BtnInit();    //按钮初始化
    btn_previous =1;
    while(1)
    {
        btn_current = BtnGet();
        if ( !btn_current )
        {
            if ( btn_previous )
                LedSw();
        }
        btn_previous = btn_current;
    }
    return 0;
}
```

6.4 外部中断

外部设备所产生的信号通过 EXTI 触发中断。

6.4.1 EXTI 寄存器

EXTI 共设有 6 个寄存器，分别为中断屏蔽寄存器(IMR)、事件屏蔽寄存器(EMR)、上升沿触发选择寄存器(RTSR)、下降沿触发选择寄存器(FTSR)、软中断事件寄存器(SWIER)和挂起寄存器(PR)，它们的地址分别为 0x40013C00、0x40013C04、0x40013C08、0x40013C0C、0x40013C10 和 0x40013C14。

每个寄存器只有位 0～18、21、22 可以配置，其他位则保持初始值。寄存器各位的含义如表 6-3 所示。

表 6-3　EXTI 的寄存器

寄存器	功 能 描 述
IMR	位 i 为 0 表示 EXTIi 中断屏蔽，为 1 表示 EXTIi 非中断屏蔽
EMR	位 i 为 0 表示 EXTIi 中断屏蔽，为 1 表示 EXTIi 非中断屏蔽
RTSR	位 i 为 0 表示 EXTIi 禁用上升沿触发，为 1 表示 EXTIi 使用上升沿触发
FTSR	位 i 为 0 表示 EXTIi 禁用下降沿触发，为 1 表示 EXTIi 使用下降沿触发
PR	位 i 为 0 表示 EXTIi 未产生触发请求，为 1 表示 EXTIi 已产生触发请求。在 EXTIi 产生中断请求时置位，通过向该位写 1 清零
SWIER	当该位 i 为 0 时，写 1 使 PR 位 i 置 1 产生中断请求。当 PR 位 i 写 1 清零时，该位自动清零

在程序中使用 EXTI 时，采用 C 语言的结构体描述如下：

```
typedef struct {
    unsigned int IMR, EMR, RTSR, FTSR, SWIER, PR;
}EXTI_def;
#define EXTI ((volatile EXTI_def*)0x40013C00)
```

EXTI0～EXTI15 的端口源选择配置在 SYSCFG 部件的 EXTICR1/2/3/4 寄存器中。每个寄存器配置 4 个端口，每个配置项为 4 位，值 0～7 分别表示 PA～PH。这四个寄存器的地址分别为 0x40013808、0x4001380C、0x40013810 和 0x40013814。它们的低 16 位分别配置 EXTI0～EXTI3、EXTI4～EXTI7、EXTI8～EXTI11 和 EXTI12～EXTI15。

在程序中使用 SYSCFG 时，采用 C 语言的结构体描述如下：

```
typedef struct {
    unsigned int MEMRMP, PMC, EXTICR[4], rsv[2], CMPCR;
}SYSCFG_def;
#define SYSCFG ((volatile SYSCFG_def*)0x40013800)
```

在 EXTI 的常规应用中，寄存器的操作步骤如下：

(1) 配置外部中断对应 GPIO 口的时钟；

(2) 配置对应 GPIO 口的工作模式；

(3) 配置 GPIO 和 EXTI 的映射关系；

(4) 配置 EXTI 触发条件；

(5) 配置中断向量表和使能中断；

(6) 编写对应中断服务函数。

6.4.2 EXTI 应用设计

1. 功能需求

本节的功能需求与 6.3.3 小节 GPIO 应用设计 2 中的功能需求相同。

2. 设计思路

将 PA5 配置成数字推挽输出，PC13 配置成数字输入和外部中断 EXTI13 线。当按下按钮时产生下降沿触发 EXTI13 中断，在中断处理函数中 PA5 值翻转。PA5 初始输出高电平。

3. 软件流程图

软件流程如图 6-8 所示。

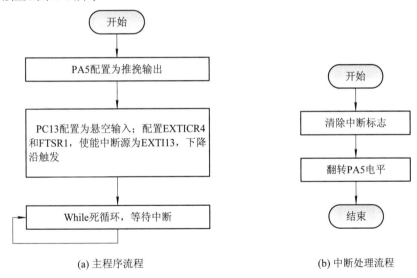

(a) 主程序流程   (b) 中断处理流程

图 6-8   EXTI 软件流程图

4. C 程序设计

1) LED 初始化函数

采用 LedInit 函数，其实现与 6.3.2 小节 GPIO 应用设计 1 中的内容相同。

2) 灯亮灭翻转函数

采用 LedSw 函数，其实现与 6.3.3 小节 GPIO 应用设计 2 中的内容相同。

3) 按钮初始化函数

采用 BtnInit 函数，其实现与 6.3.3 小节 GPIO 应用设计 2 中的内容相同。

4) EXTI 中断配置函数

采用 ExIntInit 函数配置 EXTI 信号源为 PC13，下降沿触发。代码如下：

```
void ExIntInit(void)
{
    RCC->AHB1ENR |= 1<<2;        //使能 GPIOC 时钟
    RCC->APB2ENR |= 1<<14;       //使能 SYSCFG 时钟
    SYSCFG->EXTICR[3] = (SYSCFG->EXTICR[3] & ~(0xF<<4))| (2<<4);
                                 //配置 EXTI13 信号源为 PC13
    EXTI->IMR |= 1<<13;          //取消对 EXTI13 信号线的屏蔽
    EXTI->FTSR |= 1<<13;         //设定 EXTI13 中断触发信号为下降沿
    NVIC->ISER[1] |= 1<<8;       //在 NVIC 中设置 EXTI15_10 中断使能
}
```

5) 中断服务函数

中断服务函数名按照前面的约定设为 EXTI15_10_IRQHandler。中断处理代码如下：

```
void EXTI15_10_IRQHandler(void)
{
    EXTI->PR |= 1<<13;           //清除当前已经产生的 EXTI13 中断
    LedSw();                     //反转 LED 的亮灭状态
}
```

6) 主函数

main 函数完成时钟使能、LED 端口初始化、按钮端口初始化和外部中断初始化。代码如下：

```
int main(void)
{
    LedInit();                   //配置 PA5
    BtnInit();                   //配置 PC13
    ExIntInit();                 //配置 EXTI13 中断的相关属性
    while(1);
    return 0;
}
```

6.5 通用定时器

定时器用来产生精确的时间，同时具有捕获/比较功能，还可以产生 PWM 波形。

6.5.1 通用定时器的常用寄存器

通用定时器的常规定时操作主要涉及 6 个寄存器，即控制寄存器 1(CR1)、DMA 和中断使能寄存器(DIER)、中断状态寄存器(SR)、计数寄存器(CNT)、预分频寄存器(PSC)和自动重载寄存器(ARR)，它们的位的含义如表 6-4 所示。

表 6-4　通用定时器的常用寄存器说明

偏移	寄存器	位	标识	功　　能
0x00	CR1	0	CEN	计数器使能开关，1 表示使能
		1	UDIS	禁止产生更新事件标志位，1 表示禁止
		2	URS	更新请求源，1 表示只有计数器的上溢和下溢才触发更新中断或 DMA 请求
		3	OPM	是否是单脉冲模式，1 表示单脉冲模式
		4	DIR	计数方向，0 表示向上计数，1 表示向下计数
		5~6	CMS	选择计数器对齐模式。该选项有两个 bit 位，取值为 00 时表示采用边沿对齐模式，计数方向由 DIR 指明。其他取值分别对应中央对齐模式的不同计数模式
0x0C	DIER	0	UIE	更新中断使能，1 表示使能，0 表示禁止
		1~4	CCxIE	通道比较/捕获中断使能，1 表示使能，0 表示禁止
		6	TIE	触发中断使能，1 表示使能，0 表示禁止
		8	UDE	DMA 请求使能，1 表示使能，0 表示禁止
		9~12	CCxDE	通道比较/捕获 DMA 请求使能，1 表示使能，0 表示禁止
		14	TDE	触发 DMA 请求使能，1 表示使能，0 表示禁止
0x10	SR	0	UIF	更新中断标志位，当发生更新事件时由硬件置为 1，也可由软件置 0 清 0
		1~4	CCxIF	通道比较/捕获中断标志。在输入模式下，捕获事件发生时此标志位被置 1；在输出模式下，此标志位在一个比较事件发生时被置 1。该位可由软件置 0 清 0
		6	TIF	触发中断标志，发生触发事件时，此标志由硬件置 1。此位可软件置 0 清 0
		9~12	CCxOF	通道捕获溢出标志，在 CHxIF 标志位被置 1 后，捕获事件再次发生时，该标志位由硬件置 1，也可由软件清 0
0x24	CNT	0~31		当前计数值，TIM2 和 TIM5 为 32 位，其他为 16 位
0x28	PSC	0~15		时钟源的预分频系数 N，CK_CNT=CK_PSC/(N+1)
0x2C	ARR	0~31		计数器上限为 M，TIM2 和 TIM5 为 32 位，其他为 16 位

定时器经常用来产生不同占空比的周期脉冲，即进行脉冲波形调制(PWM)。该功能涉及的寄存器有捕获/比较模式寄存器 1/2(CCMR1/2)、捕获/比较使能寄存器(CCER)和捕获/比较寄存器 1/2/3/4(CCR1/2/3/4)，其主要控制位含义如表 6-5 所示。

表 6-5　通用定时器捕获/比较寄存器

偏移	寄存器	位	标识	功　　能
0x18	CCMR1	0、1/8、9	CC1/2	通道 1 和 2 模式选择，00 表示通道为输出，01、10 和 11 对应不同的输入模式
		3/11	OC1/2PE	通道 1 和 2 输出比较影子寄存器使能，1 表示使能，0 表示禁止
		4~6/12~14	OC1/2M	通道 1 和 2 的输出比较模式

偏移	寄存器	位	标识	功　　能
0x18	CCMR2	0、1/8、9	CC3/4S	通道 3 和 4 为模式选择，00 表示通道为输出，01、10 和 11 对应不同的输入模式
		3/11	OC3/4	通道 3 和 4 输出比较影子寄存器使能，1 表示使能，0 表示禁止
		4~6/ 12~14	OC3/4M	通道 3 和 4 的输出比较模式
0x20	CCER	0/4/8/12	CCxE	通道 1、2、3、4 捕获/比较使能，1 表示使能，0 表示禁止
		1/5/9/13	CCxP	通道 1、2、3、4 极性选择。在输出模式下，0 为高电平有效，1 为低电平有效。在输入模式下，0 为上升沿，作为触发的有效信号，1 为下降沿，作为触发的有效信号且触发信号反转
0x34 0x38 0x3C 0x40	CCR1 CCR2 CCR3 CCR4	0~31		当通道 x 为输入模式时是只读状态，数值是上次捕获事件发生时的计数器值。当通道 x 为输出模式时，包含即将和计数器比较的值。TIM2 和 TIM5 为 32 位，其他为 16 位

定时器操作通常与中断结合在一起，从而提供高精度的时间定时处理。

在程序中使用定时器时，采用 C 语言的结构体描述如下：

```
typedef struct {
    unsigned int CR1, CR2, SMCR, DIER, SR, EGR, CCMR1, CCMR2, CCER;
    unsigned int CNT, PSC, ARR, rsv0;
    unsigned int CCR1, CCR2, CCR3, CCR4, rsv1, DCR, DMAR, OR;
}TIM_def;
#define TIM2 ((volatile TIM_def*)0x40000000)
```

通用定时器的常规应用中，寄存器的操作步骤如下：

(1) 使能定时器时钟；

(2) 配置工作模式、计数方向；

(3) 配置时钟源的预分频系数；

(4) 配置自动预装载寄存器的值；

(5) 开启 NVIC 中对应的时钟中断使能，设定优先级；

(6) 开启更新使能，启动定时使能。

6.5.2　定时器应用设计 1

1. 功能需求

本节的功能需求与 6.3.2 小节的功能需求相同。

2. 设计思路

将 PA5 配置成数字推挽输出。利用 PA5 输出高低电平，从而控制 LED 灯的亮灭。

采用定时器 TIM2 作为 1 s 定时器，每 1 s 触发一次定时中断，在中断处理函数内反转 PA5 的输出电平。

3. 软件流程图

软件流程如图 6-9 所示。

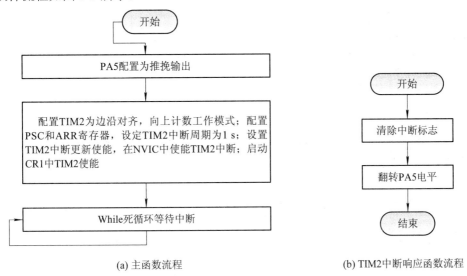

(a) 主函数流程　　　　　　　　　　　(b) TIM2 中断响应函数流程

图 6-9　定时器中断的软件流程图

4. C 程序设计

1) LED 初始化函数

采用 LedInit 函数，其实现与 6.3.2 小节 GPIO 应用设计 1 的内容相同。

2) 灯亮灭翻转函数

采用 LedSw 函数，其实现与 6.3.3 小节 GPIO 应用设计 2 的内容相同。

3) 定时器初始化函数

采用 TimerInit 函数对 TIM2、NVIC 相关寄存器进行配置。

时钟源 TIMCLK 的频率为 16 MHz，设计预分频系数 N=1000，计数器分频系数 M = 16 000，因此共 160 万个分频，定时时长 M × N ÷ TIMCLK = 1 s。预分频寄存器 PSC 的值为 N−1=999，自动重载寄存器 ARR 的值为 M−1 = 15 999。代码如下：

```
void TimerInit(void)
{
    RCC->APB1ENR |=1<<0;    //使能 TIM2
    TIM2->CR1 = 1<<7;    //配置为自重载预载使能、边沿对齐、向上计数工作模式

    TIM2->PSC = 999;        //设定预分频系数为 16 MHz ÷ 1000=16 kHz
    TIM2->ARR = 15999;    //设定计数器分频系数为 16 kHz ÷ 16000=1 Hz
    TIM2->DIER |= 1<<0;        //设置中断更新使能
    NVIC->ISER[0] |= 1<<28;    //在 NVIC 中设置 TIM2 中断使能
```

```
        TIM2->CR1 |= 1<<0;          //开启 TIM2
}
```

4) 中断服务函数

根据前面的约定，中断服务函数名定为 TIM2_IRQHandler。代码如下：

```
void TIM2_IRQHandler(void)
{
        TIM2->SR &= ~(1<<0);          //清除当前中断事件
        LedSw();                      //LED 亮灭反转
}
```

5) 主函数

main 函数完成时钟使能、LED 控制端口初始化和定时器初始化等操作。代码如下：

```
int main(void)
{
        LedInit();          //LED 初始化
        TimerInit();        //定时器初始化
        while(1);
        return 0;
}
```

6.5.3 定时器应用设计 2

由于呼吸灯只需要管脚输出周期为 2 s、占空比为 50%的方波，因此可以采用 PWM 波形来控制，不需要中断操作，这样可以节约处理器的时间。

对定时器输出 PWM 的工作流程如下：

(1) 使能定时器时钟；

(2) 配置工作模式、计数方向；

(3) 配置时钟源的预分频系数；

(4) 配置自动预装载寄存器值；

(5) 配置输出比较值(设定占空比)；

(6) 启动定时使能。

1. 功能需求

本节的功能需求与 6.3.2 小节的功能需求相同。

2. 设计思路

将 PA5 配置成 TIM2 的 CH1 输出。采用定时器 TIM2 产生 PWM 波形，周期为 2 s 且占空比为 50%，即 1 s 时长的低电平、1 s 时长的高电平。

3. 软件流程图

软件流程图如图 6-10 所示。

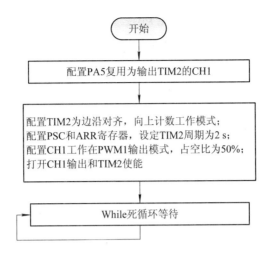

图 6-10   定时器输出比较模式的软件流程图

4．C 程序设计

1）PWM 输出端口初始化

采用 PwmOutInit 函数实现 PA5 复用为 TIM2 的 CH1 输出。代码如下：

```
void PwmOutInit(void)
{//PA5          ------> TIM2_CH1
    RCC->AHB1ENR |= 1<<0;        //使能 GPIOA
    //设置 PA5 为 AF 复用、推挽输出、无上拉、无下拉、中速
    GPIOA->MODER = (GPIOA->MODER & ~(0x3<<10)) | (0x2<<10);
    GPIOA->OTYPER &= ~(1<<5);
    GPIOA->PUPDR &= ~(0x3<<10);
    GPIOA->OSPEEDR = (GPIOA->OSPEEDR & ~(0x3<<10)) | (1<<10);
    //设置 AFRL 寄存器，将 PA5 复用为 TIM2 的 CH1 输出
    GPIOA->AFR[0] = (GPIOA->AFR[0] & ~(0xF<<20)) | (1<<20);
}
```

2）定时器初始化函数

采用 TimerInit 函数实现定时器 2 的参数配置。

时钟源 TIMCLK 的频率为 16 MHz，设计预分频系数 N = 2000，计数器分频系数 M = 16 000，那么共 320 万个分频，定时时长为 M × N ÷ TIMCLK = 2 s。因此预分频寄存器 PSC 的值为 N – 1 = 1999，自动重载寄存器 ARR 的值为 M – 1 = 15 999。比较寄存器为计数器自动重载值的一半，即 8000。具体代码如下：

```
    void TimerInit(void)
    {
        RCC->APB1ENR |=1<<0;    //使能 TIM2
        TIM2->CR1 = 1<<7;       //配置为自重载预载使能、边沿对齐、向上计数工作模式
```

```
    TIM2->PSC = 1999;              //16 MHz÷2000=8 kHz
    TIM2->ARR = 15999;             // 8 kHz÷16000=0.5 Hz，PWM 周期为 2 s
    //配置 CH1 为 PWM1 输出模式
    TIM2->CCMR1 = (TIM2->CCMR1 & ~(0x00FF)) | 0x68;
    TIM2->CCER |= 1;               //使能比较通道 1 作为输出
    TIM2->CCR1 = 8000;             //占空比为 50%
    TIM2->CR1 |= 1;                //开启 TIM2
}
```

3) 主函数

main 函数完成时钟使能、LED 控制端口初始化和定时器初始化。代码如下：

```
int main(void)
{
    PwmOutInit();
    TimerInit();
    while(1);
    return 0;
}
```

6.6   通用同/异步收发器

USART 提供两设备之间的串行双工通信，并支持中断和 DMA 工作。可采用轮询、中断和 DMA 三种方式进行数据收发。

6.6.1   USART 寄存器配置

USART 常规的寄存器有控制寄存器 1(CR1)、控制寄存器 2(CR2)、控制寄存器 3(CR3)、波特率寄存器(BRR)、状态寄存器(SR)和数据寄存器(DR)，它们的各位的含义如表 6-6 所示。

表 6-6   USART 常用寄存器

偏移	寄存器	位	标识	功 能 描 述
0x00	SR	9	CTS	CTS 标志位，1 表示 CTS 复位，0 表示 CTS 置位
		7	TXE	发送数据寄存器空标志位，1 表示数据空，0 表示非空
		6	TC	传输结束标志位，1 表示结束，0 表示没有结束
		5	RXNE	接收数据寄存器非空标志，1 表示有数据，0 表示无数据
		3	ORE	数据溢出标志位，1 表示溢出发生，0 表示无溢出
0x04	DR	8~0		低 9 bit 位有效，存放收发的数据。实质是两个同地址的寄存器，一个是用于接收的只读寄存器，另一个是用于发送的只写寄存器

偏移	寄存器	位	标识	功 能 描 述
0x08	BRR	15～0		低 16 bit 有效，传输时钟的分频系数 R_Baud。高 12 位保存分频系数的整数部分，低 4 位保存分频系数的小数部分。当过采样率为 16 时，波特率=PCLK÷16÷R_Baud= PCLK÷BRR 值
0xC	CR1	13	UE	USART 使能，1 表示允许，0 表示禁止
		12	M	字长，0 表示 8 数据位，1 表示 9 数据位
		10	PCE	校验控制使能，0 表示禁止，1 表示使能
		9	PS	校验选择，0 表示偶校验，1 表示奇校验
		7	TXEIE	发送数据寄存器空中断使能，1 表示使能，0 表示禁止
		6	TCIE	发送完成中断使能，1 表示使能，0 表示禁止
		5	RXNEIE	接收数据寄存器非空中断使能，1 表示使能，0 表示禁止
		3	TE	发送使能，1 表示允许，0 表示禁止
		2	RE	接收使能，1 表示允许，0 表示禁止
0x10	CR2	12～13	STOP	停止位设定，00 表示 1 停止位，01 表示 0.5 停止位，10 表示 2 停止位，11 表示 1.5 停止位
		11	CLKEN	CK 指针使能，1 表示允许，0 表示禁止
0x14	CR3	10	CTSIE	CTS 中断使能，1 表示允许，0 表示禁止
		9	CTSE	CTS 使能，1 表示允许，0 表示禁止
		8	RTSE	RTS 使能，1 表示允许，0 表示禁止
		7	DMAT	DMA 发送使能，1 表示允许，0 表示禁止
		6	DMAR	DMA 接收使能，1 表示允许，0 表示禁止

在程序中使用定时器时，采用 C 语言的结构体描述如下：

```
typedef struct {
    unsigned int SR, DR, BRR, CR1, CR2, CR3, GTPR;
}USART_def;
#define USART2 ((volatile USART_def*) 0x40044000) //USART2 基地址
```

6.6.2　USART 收发处理模式

使用 USART 的基本操作步骤如下：

(1) 使能 GPIO、USART 时钟。

(2) 配置 GPIO 对应管脚的复用模式。

(3) 配置 USART 的波特率、停止位等属性。

(4) 配置 USART 接收和发送使能。

(5) 需要中断的配置中断及中断处理函数，需要 DMA 的配置 DMA 参数。

(6) 启动 USART。

对 USART 的发送或接收，有以下四种处理模式：

1. 轮询模式

在轮询模式下，不停查询收发状态，发准备好才能发，收准备好才能收，逐个发送与接收数据，且处理器要反复查询。对于接收来说，如果查询晚了或慢了，那么已经收到的数据可以被后到的数据更新，导致出现少收的现象。对于发送来说，两次发送间隔较长。

此模式下，主程序要不断查询收或发状态确定下一个收或发。

2. 中断模式

在中断模式下，当收准备好和发准备好时产生中断，在中断服务程序中读取或发送数据。这样实时性高，可以实现高效率的传输。中断模式与轮询模式的相同之处是均为逐个数据收发，不同之处是在中断模式下中断次数较多，中断开销较大。

此模式下，主程序不需要对发送状态进行检查，中断服务程序需要对收发进行管理。

3. DMA 模式

在 DMA 模式下，在收发数据寄存器与存储器之间建立 DMA 通道，由收准备好和发准备好来触发传输。这样既可以实时传输，又可以减少处理器的干预开销。DMA 一旦启动就可以自动完成，只需要查询 DMA 是否完成就知道一次传输是否结束。

在此模式下，主程序需要对 DMA 操作状态进行检查，以确定收发操作是否完成。

4. DMA+ 中断模式

在 DMA+ 中断模式下，在 DMA 传输结束后产生中断，在中断处理中进行后续处理。这种模式不需要处理器查询操作，实时性也高。

在此模式下，主程序不需要检查 DMA 操作状态，在 DMA 中断中进行数据管理。

6.6.3 USART 轮询模式应用设计

1. 功能需求

本应用设计的功能需求是实现远程串行通信数据的回传确认。

微处理器系统构成的测控设备通过 USART(串口)与用户设备(上位机)相连。上位机每次发送一个字符后等待测控设备将收到的字符回传到上位机。对于测控设备而言，提供一种回传功能，即收到一个字符就立即发送出去。

串口通信参数为波特率 9600、8 个数据位、无校验位、1 个停止位。

2. 设计思路

管脚 PA2 与 PA3 分别设置为 USART2 的 TX 和 RX 信号。

在通信过程中，USART 检查接收状态，一旦收到新数据，立即将新数据发送出去，如此反复执行。

3. 软件流程图

USART 轮询模式的软件流程如图 6-11 所示。

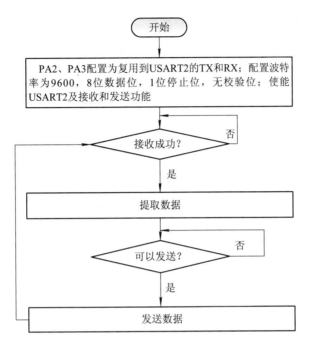

图 6-11　USART 轮询模式的软件流程图

4. C 程序设计

1) USART 初始化函数

利用 UartInit 函数完成 GPIOA 和 USART1 时钟使能、管脚 PA2 和 PA3 复用、USART2 的波特率产生器和帧结构等参数配置，并使能串口的收发操作。

PCLK 为 16 MHz，通信波特率设为 9600。所以，BRR 寄存器的值 = PCLK ÷ RBaud = $16 \times 10^6 / 9600 \approx 1667$。执行代码如下：

```
void UartInit(void)
{
    RCC->AHB1ENR |= 1;                          //使能 GPIOA 时钟
    RCC->APB1ENR |= 1<<17;                      //使能 USART2 时钟
    //配置 PA2、PA3 为复用、推挽输出、高速
    GPIOA->MODER = (GPIOA->MODER & ~(0xF<<4))|(0xA<<4);
    GPIOA->OTYPER &= ~(0xF<<4);
    GPIOA->OSPEEDR = (GPIOA->OSPEEDR & ~(0xF<<4))|(0xA<<4);
    //设置 AFRL 寄存器，PA2 和 PA3 复用模式为 AF7，分别为 USART2 的 TX 和 RX
    GPIOA->AFR[0] = (GPIOA->AFR[0] & ~(0xFF<<8))|(0x77<<8);
    USART2->BRR = 1667;
    USART2->CR1 = (1<<13)|(1<<3)|(1<<2);    //使能接收和发送功能
}
```

2) 串口数据接收函数

UartRx 函数用来获取已经接收到的数据，仅当收到数据时才读取数据并成功返回，未

收到数据时返回失败。代码如下：

```
int UartRx( char* prxd )
{
    if(!(USART2->SR & (0x1<<5)))
        return 0;
    *prxd = (char)USART2->DR;
    return 1;
}
```

3）数据发送函数

UartTx 函数用来发送数据，仅当发送数据寄存器空了才写入数据并成功返回，发送数据寄存器未空时返回失败。代码如下：

```
int UartTx( char txd )
{
    if(!(USART2->SR & (0x1<<7)))
        return 0;
    USART2->DR = txd;
    return 1;
}
```

4）主函数

main 函数使能时钟，初始化 USART，循环执行转发操作。其代码如下：

```
int main(void)
{   char ch;
    UartInit();
    while(1)
    {   while(!UartRx(&ch));
        while(!UartTx(ch));
    }
    return 0;
}
```

6.6.4 USART 中断模式应用设计

1. 功能需求

USART 中断模式的功能需求与 6.6.3 小节的功能需求相同。

2. 设计思路

管脚 PA2 与 PA3 分别为 USART2 的 TX 和 RX 信号。当接收到数据时产生中断，在中断中将数据发送出去。

3. 软件流程图

USART 中断模式的软件流程图如图 6-12 所示。

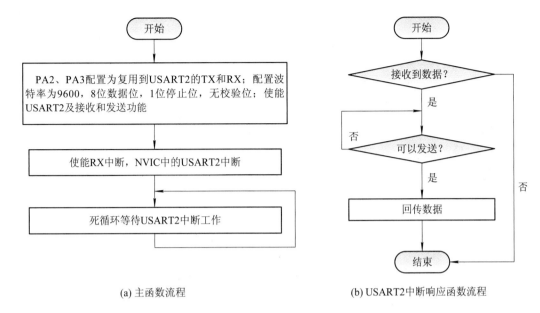

(a) 主函数流程   (b) USART2中断响应函数流程

图 6-12　USART 中断模式的软件流程图

4. C 程序设计

中断模式的流程与轮询模式基本一致，只是添加了中断配置。其他相同部分这里不再介绍，仅介绍不同之处。具体代码如下：

1) USART 初始化函数

UartInit 函数与 6.6.3 小节介绍的相同。

2) 串口数据接收函数

UartRx 函数与 6.6.3 小节介绍的相同。

3) 数据发送函数

UartTx 函数与 6.6.3 小节介绍的相同。

4) 使能接收中断函数

UartRxIntEn 函数使能接收中断。代码如下：

```
void UartRxIntEn(void)
{    USART2->CR1 |= 1<<5;
    NVIC->ISER[1] |= 1<<6;
}
```

5) USART2 中断服务函数

根据前面的约定，中断服务函数名定为 USART2_IRQHandler。代码如下：

```
void USART2_IRQHandler(void)
{    char ch;
    while(!UartRx(&ch));
    while(!UartTx(ch));
}
```

6) 主函数

主函数使能时钟，初始化 USART，使能接收中断。具体代码如下：

```
int main(void)
{
    UartInit();
    UartRxIntEn();
    while(1);
    return 0;
}
```

6.7 DMA 控制器

DMA 控制器(DMAC)可以实现外设和存储器之间或者存储器和存储器之间的高速数据传输，无须处理器干预，从而节省了处理器的资源。

6.7.1 DMAC 寄存器

STM32F401 有两个 DMAC，每个 DMAC 的常用寄存器如表 6-7 所示。

表 6-7　DMA 常用寄存器

偏移	寄存器名称		功 能 描 述
0x00	低中断状态寄存器	LISR	记录当前产生的各通道 DMA 事件和中断
0x04	高中断状态寄存器	HISR	
0x08	低中断标志清除寄存器	LIFCR	清除中断标志位
0x0C	高中断标志清除寄存器	HIFCR	
0x10	流通道 0 配置寄存器	S0CR	配置通道 0 的相关参数，详见表 6-8
0x14	流通道 0 计数器	S0NDTR	低 16 bit 位有效，配置当前需要传送的数据数
0x18	流通道 0 外设地址寄存器	S0PAR	存放外设(存储器)地址
0x1C	流通道 0 存储器 0 地址寄存器	S0M0AR	存放存储器 0 地址
0x20	流通道 0 存储器 1 地址寄存器	S0M1AR	存放存储器 1 地址
0x24	流通道 0 FIFO 控制寄存器	S0FCR	FIFO 控制、状态、门限以及直接模式使能
0x28	流通道 1 配置寄存器	S1CR	
⋮	⋮	⋮	⋮
0xCC	流通道 7 FIFO 控制寄存器	S7FCR	

表 6-7 中，SxCR 内部的位的含义如表 6-8 所示。

表 6-8 SxCR 寄存器

位	标识	含　义
27~25	CHSEL	通道选择，CH0~CH7
24~23	MBURST	存储器突发传输配置，0 表示单次传输(直传)，1 表示 INCR4，2 表示 INCR8，3 表示 INCR16
22~21	PBURST	外设突发传输配置，0 表示单次传输(直传)，1 表示 INCR4，2 表示 INCR8，3 表示 INCR16
19	CT	当前目标(仅在双缓冲模式下)，0 表示存储器 0(M0AR)，1 表示存储器 1(M1AR)
18	DBM	双缓冲模式
17~16	PL	优先级，0 表示低，1 表示中，2 表示高，3 表示特高
15	PINCOS	外设地址增量偏移大小，0 表示 PSIZE，1 表示固定 4
14~13	MSIZE	存储器数据宽度，0 为字节，1 为半字，2 为字
12~11	PSIZE	外设数据宽度，0 为字节，1 为半字，2 为字
10	MINC	存储器地址自增使能，1 为允许，0 为禁止
9	PINC	外设地址自增使能，1 为允许，0 为禁止
8	CIRC	循环模式使能，1 为允许，0 为禁止
7~6	DIR	传输方向，0 表示外设至存储器，1 表示存储器至外设，2 表示存储器至存储器
5	PFCTRL	外设流控，0 表示 DMA 是流控器，1 表示外设是流控器
4	TCIE	传输完成中断使能，1 为允许，0 为禁止
3	HTIE	传输一半中断使能，1 为允许，0 为禁止
2	TEIE	传输错误中断使能，1 为允许，0 为禁止
1	DMEIE	直接模式错误中断使能，1 为允许，0 为禁止
0	EN	流通道使能，0 表示流通道禁用，1 表示流通道使能

在程序中使用 DMA 时，采用 C 语言的结构体描述如下：

```
typedef struct {
    unsigned int CR, NDTR, PAR, M0AR, M1AR, FCR;
}DMA_Stream_def;
typedef struct {
    unsigned int LISR, HISR, LIFCR, HIFCR;
}DMA_def;
#define DMA2 ((volatile DMA_def*) 0x40026400)
#define DMA2_Stream7 ((volatile DMA_Stream_def*) 0x400264B8)
```

由于 DMA 可以使外设的数据传输脱离对 MPU 的依赖，实现大批量数据的实时传输，因此许多外设有 DMA 传输功能。

当外设使用 DMA 模式时，其操作步骤如下：

(1) 使能外设和 DMA 时钟；

(2) 配置 DMA 通道，包括传输模式、传输宽度、地址模式、源地址、目的地址和待发送数据数量以及通道对应的硬件请求映射；

(3) 配置外设参数并使能收发和 DMA 传输功能；

(4) 使能 DMA；

(5) 使能外设工作。

6.7.2　USART DMA 模式应用设计

1. 功能需求

USART DMA 模式实现远程串行通信数据回传确认。双方每次连续传输 8 个字符。串口通信参数是：波特率为 9600，8 个数据位，无校验位，1 个停止位。

2. 设计思路

管脚 PA2 与 PA3 分别为 USART2 的 TX 和 RX 信号。

采用两个 DMA 通道：一个用于发送，从存储器到 USART 的发送数据寄存器；另一个用于接收，从 USART 的接收数据寄存器到存储器。

USART2 发送和接收分别使用 DMA1 中的流通道 6 的通道 4 和流通道 5 的通道 4。DMA 参数设置如下：传输模式为存储器与外设之间的传输，存储器和外设的数据宽度为 8 bit，采用单次传送方式，外设地址为固定模式，存储器执行增量地址方式。

3. 软件流程图

USART DMA 模式的软件流程图如图 6-13 所示。

图 6-13　USART DMA 模式的软件流程图

4. C 语言实现

1) 串口初始化函数

UartInit 函数与 6.6.3 小节中的相同。

2) 串口 DMA 发使能函数

采用 UartDmaTxEn 函数使能 USART2 的 DMA 发送功能，代码如下：

```
void UartDmaTxEn()
{
```

```
    RCC->AHB1ENR |= (1<<21);        //使能 DMA1 时钟
    USART2->CR3 |= (1<<7);          //使能 USART2 的 DMAT
    DMA1_Stream6->CR = 0;
    DMA1_Stream6->PAR = (int) &USART2->DR;
    DMA1_Stream6->CR = (4<<25)|(3<<16)|(1<<10)|(1<<6);
}
```

3) 串口 DMA 发送函数

采用 UartDmaTx 函数启动 USART2 的 DMA 发送功能，代码如下：

```
void UartDmaTx( char * tx_buf, int tx_len )
{
    DMA1_Stream6->CR &= ~1;
    DMA1_Stream6->M0AR = tx_buf;
    DMA1_Stream6->NDTR = tx_len;
    DMA1_Stream6->CR |= 1;
}
```

4) 串口 DMA 发送状态获取函数

采用 UartDmaTxSts 函数返回 DMA 发送模式是否完成，代码如下：

```
int UartDmaTxSts()
{
    if(!(DMA1->HISR & (1<<21)))
        return 0;
    DMA1->HIFCR |= 1<<21;
    return 1;
}
```

5) 串口 DMA 收使能函数

采用 UartDmaRxEn 函数使能 USART2 的 DMA 接收功能，代码如下：

```
void UartDmaRxEn()
{
    RCC->AHB1ENR |= (1<<21);        //使能 DMA1 时钟
    USART2->CR3 |= (1<<6);          //使能 USART2 的 DMAR
    DMA1_Stream5->CR = 0;
    DMA1_Stream5->PAR = (int)&USART2->DR;
    DMA1_Stream5->CR = (4<<25) | (3<<16) | (1<<10);
}
```

6) 串口 DMA 接收函数

采用 UartDmaRx 函数启动 USART2 的 DMA 接收功能，代码如下：

```
void UartDmaRx( char * rx_buf, int rx_len )
```

```
    {
        DMA1_Stream5->CR &= ~1;
        DMA1_Stream5->M0AR = (int) rx_buf;
        DMA1_Stream5->NDTR = rx_len;
        DMA1_Stream5->CR |= 1;
    }
```

7) 串口 DMA 接收状态获取函数

采用 UartDmaRxSts 函数返回 DMA 接收模式是否完成，代码如下：

```
int UartDmaRxSts()
{
    if(!(DMA1->HISR & (1<<11)))
        return 0;
    DMA1->HIFCR |= 1<<11;
    return 1;
}
```

8) 主函数

main 函数使能时钟，初始化 GPIO、USART1、DMA1 函数，并反复执行接收回发操作。
具体代码如下：

```
int main(void)
{
    char buf[8];      //定义数据缓冲
    UartInit();
    UartDmaTxEn();
    UartDmaRxEn();
    while(1)
    {
        UartDmaRx(buf,8);
        while(!UartDmaRxSts());
        UartDmaTx(buf,8);
        while(!UartDmaTxSts());
    }
    return 0;
}
```

6.7.3 存储器之间 DMA 传输应用设计

1. 功能需求

本节的功能需求是将某存储区的数据通过 DMA 方式复制到另一个存储区内。

2. 设计思路

采用 DMA2 的流通道 4，传输模式为存储器与存储器之间传输，存储器和存储器的数据宽度为 8 bit，采用单次传送方式，存储器执行增量地址方式。

3. 软件流程图

存储器之间 DMA 传输的软件流程图如图 6-14 所示。

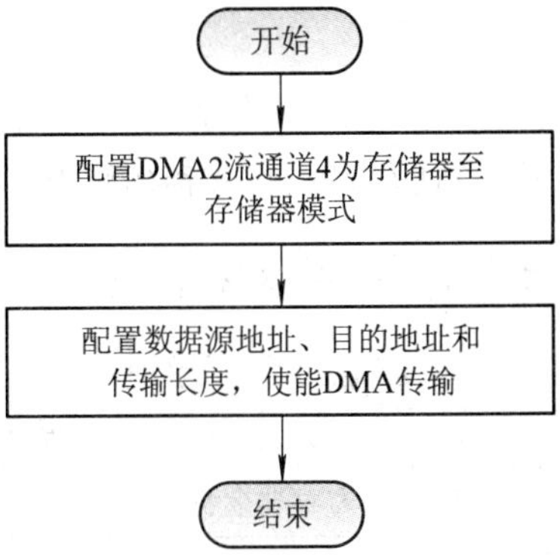

4. C 语言实现

1) DMA 初始化函数

采用 DmaInit 函数使能 DMA2 时钟，代码如下：

图 6-14　存储器之间 DMA 传输的软件流程图

```
void DmaInit()
{
    RCC->AHB1ENR |= 1<<22;
    DMA2_Stream4->CR = (7<<25)|(1<<10)|(1<<9)|(2<<6);
    //通道 7，外设和存储器均采用字节传输，地址均递增，方向为存储器至存储器
}
```

2) 存储器拷贝函数

采用 MemCpy 函数实现两个存储区的数据复制，代码如下：

```
void MemCpy(char * sbuf, char * dbuf, int len)
{
    DMA2_Stream4->CR &= ~1;
    DMA2_Stream4->PAR = sbuf;           //源存储区的首地址
    DMA2_Stream4->M0AR = dbuf;          //目的存储区的首地址
    DMA2_Stream4->NDTR = len;           //拷贝字节数
    DMA2_Stream4->CR |= (1<<0);         //使能 DMA
    while(!(DMA2->HISR & (1<<5)));      //传输完成
    DMA2->HIFCR |= 1<<5;
}
```

3) 主函数

main 函数使能 DMA2，将已定义字符串复制到另一个存储区，代码如下：

```
int main(void)
{
    char mytext[16];
    DmaInit();
    MemCpy("Hello world!",mytext,13);
    while(1);
    return 0;
}
```

6.8 模拟/数字转换器

ADC 可以将各种传感器所产生的模拟测量信号转换为数字信号以供 MCU 内部使用。

6.8.1 ADC 寄存器配置

ADC 含有常规通道和插入通道。常规通道的常用寄存器如表 6-9 所示。

表 6-9 ADC 常规通道的常用寄存器

偏移	寄存器名称		位	标 识	功 能 描 述
0x00	状态寄存器	SR	4	STRT	1 表示常规通道转换已经启动,0 表示未启动
			1	EOC	1 表示常规通道转换完成,0 表示未完成
0x04	控制寄存器 1	CR1	25～24	RES	转换分辨率,00 表示 12 位,01 表示 10 位,10 表示 8 位,11 表示 6 位
			15～13	DISCNUM	常规通道间断模式通道数,取值 1～8
			11	DISCEN	1 表示常规通道间断模式使能,0 表示禁止
			8	SCAN	1 表示扫描模式使能,0 表示禁用
			5	EOCIE	1 表示常规通道转换完成中断使能,0 表示禁止
0x08	控制寄存器 2	CR2	30	SWSTART	1 表示常规通道的转换启动,0 表示重置状态
			29～28	EXTEN	常规通道的外触发使能,00 表示禁用,01 表示上升沿,10 表示下降沿,11 表示双沿
			21～20	EXTSEL	常规组的外部事件选择
			11	ALIGN	1 表示数据向左对齐,0 表示数据向右对齐
			1	CONT	1 表示常规组转换连续模式,0 表示单次
			0	ADON	1 表示 ADC 使能,0 表示 ADC 禁用
0x2C	常规序列寄存器 1	SQR1	23～20	L	指定常规序列长度
			19～0	SQ16～SQ13	指定第 16～13 个规则转换源,每个源占 5 位
0x30	常规序列寄存器 2	SQR2	29～0	SQ12～SQ7	指定第 12～7 个规则转换源,每个源占 5 位
0x34	常规序列寄存器 3	SQR3	29～0	SQ6～SQ1	指定第 6～1 个规则转换源,每个源占 5 位
0x4C	常规数据寄存器	DR	15～0	DATA	常规通道转换数据

ADC 结构体与相关常量如下:

```
typedef struct {
    unsigned int SR, CR1, CR2, SMPR1, SMPR2;
    unsigned int JOFR1, JOFR2, JOFR3, JOFR4;
```

```
        unsigned int HTR, LTR, SQR1, SQR2, SQR3;
        unsigned int JSQR, JDR1, JDR2, JDR3, JDR4;
        unsigned in DR;
    }ADC_def;
    #define ADC1 ((volatile ADC_def*) 0x40012000)
```

ADC 有一个公共控制寄存器(CCR)，如表 6-10 所示，主要配置所有 ADC 共用的时钟分频，使能温度传感器，测量参考电压和电池电压等。

表 6-10　公共控制寄存器

偏移	寄存器名称	位	标识	功 能 描 述
0x4	公共控制 寄存器 (CCR)	23	TSVREFE	温度传感器和参考电压通道使能
		22	VBATE	电池电压通道使能
		17～16	ADCPRE	ADC 时钟预分频，00 表示 PCLK2÷2，01 表示 PCLK2÷4，10 表示 PCLK2÷6，11 表示 PCLK2÷8

ADC 公共部分的结构体与相关常量如下：

```
    typedef struct {
        unsigned int rsv, CCR;
    }ADCCOM_def;
    #define ADC ((volatile ADCCOM_def*) 0x40012300)
```

ADC 的常规应用的操作步骤如下：

(1) 使能 ADC 相关时钟；

(2) 指定 ADC 通道；

(3) 配置工作模式；

(4) 使能 ADC；

(5) 进行模/数转换。

6.8.2　ADC 应用设计

1. 功能需求

微处理器系统构成的测控设备通过 USART(串口)与用户设备(上位机)相连。测控设备通过 ADC1 读取内置温度传感器，每隔 1 s 获取一次芯片的内部温度，ADC1 完成 A/D 转换，并将转换后的数字信号回传到上位机。

串口通信参数是：波特率为 9600，8 个数据位，无校验位，1 个停止位。

2. 设计思路

管脚 PA2 与 PA3 分别为 USART 的 TX 和 RX 信号。ADC1 选择内置温度通道，每隔 1 s 软件触发一次单次转换，获取内部温度的数字信号后通过 USART 上传上位机。

3. 软件流程图

ADC 操作的软件流程图如图 6-15 所示。

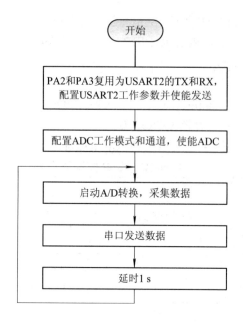

图 6-15　ADC 操作的软件流程图

4. C 语言实现

1) USART 初始化函数

UartInit 函数与 6.6.3 小节中的相同。

2) 串口发送函数

UartTx 函数与 6.6.3 小节中的相同。

3) ADC 通道配置

配置 ADC 参数：ADC1 转换通道采用内部温度传感器通道 ADC_IN18，时钟源采用 HCLK，利用软件触发，采用单次转换模式，转换精度为 8 bit，数据对齐方式为右对齐方式。代码如下：

```
void AdcInit(void)
{
    RCC->APB2ENR |= 1<<8;          //使能 ADC1 的时钟
    ADC->CCR |= (1<<23);           //使能内部温度传感器的参考电源
    ADC1->SMPR1 |= 0x7<<24;        //设置转换时间
    ADC1->SQR1 &= ~(0xF<<20);   //设置常规通道序列长度为 1
    ADC1->SQR3 = (ADC1->SQR3 & ~(0x1F)) | 18; //设置常规通道 0 为 ADC_IN18
    ADC1->CR1 = (2<<24)|(1<<11);
            //设置常规转换为非连续模式，转换精度为 8 bit，通道数为 1
    ADC1->CR2 = 1; //设置常规转换为单次模式，右对齐，非外部触发，使能 ADC
}
```

4) ADC 启动函数

采用 AdcRun 函数启动 ADC，代码如下：

```
void AdcRun( )
{
    ADC1->SR &= ~2;
    ADC1->CR2 |= 1<<30;                 //开始 A/D 转换
    return;
}
```

5) ADC 数据获取函数

采用 AdcGet 函数获取 ADC 数据，转换完成时读取数据并返回成功，未完成时返回失败。代码如下：

```
int AdcGet( unsigned char *pdat )
{
    if(!(ADC1->SR & 2))
        return 0;                       //未完成转换，返回失败
    *pdat = (unsigned char)ADC1->DR;    //转换完成，读取转换值
    return 1;                           //返回成功
}
```

6) 时延函数

Delay 函数与 6.3.2 小节中的相同。

7) 主函数调用

主函数调用的具体代码如下：

```
int main(void)
{
    unsigned char dat;
    UartInit();
    AdcInit();
    while(1)
    {
        AdcRun();                       //启动 ADC
        while(!AdcGet(&dat));           //读取转换数据
        while(!UartTx(dat));            //串口发送数据
        Delay();                        //延时 1 s
    }
}
```

习　　题

6-1　STM32F401 采用 HIS 时钟产生 84 MHz 的 HCLK 与 21 MHz 的 PCLK1 和 PCLK2，给出 CFGR 和 PLLCFGR 中相关参数的值。

6-2 简述 STM32F4xx 中 GPIO 寄存器的作用。

6-3 采用 STM32F401 实现以下功能:

有四个输入连接 PA0~PA3,四个 LED 正极连接 PA4~PA7;每个输入都有一个 LED 与之对应来显示当前电平(亮代表高电平,灭代表低电平);若四个输入中只有一个输入为高电平,则该输入对应的 LED 闪亮。

6-4 采用 STM32F401 实现以下功能:

有四个 LED 的负极连接 PB0~PB3,有一个按钮一端连接 PC0,另一端连接地;四个 LED 从左到右排成一行,构成一个跑马灯,即四个灯按一定顺序轮流发光;每按下一次按钮,四个灯的发光顺序改变一次;采用轮询方式和中断方式实现。

6-5 在习题 6-4 的基础上增加如下功能:

跑马灯的轮流发光周期从慢到快再从快到慢变化,即第一轮为 8 s,第二轮为 4 s,第三轮为 2 s,第四轮为 1 s,第五轮为 2 s,第六轮为 4 s,第七轮为 8 s,第八轮为 4 s……

6-6 在习题 6-4 的基础上增加如下功能:

通信终端通过串口向开发板发送一个命令字符来控制发光周期和显示顺序。发光周期命令采用数字字符"0"~"9",发光周期为相应的数值,单位为 s。显示顺序命令采用字母"L"和"R"来表示,"L"表示从左向右变化,"R"表示从右向左变化。

通过按钮操作改变发光顺序,同时通过串口向通信终端发送显示顺序的代码,即"L"或"R"。

6-7 在习题 6-6 的基础上增加如下功能:

(1) 开发板采用 DMA 方式进行串口发送。

(2) 在初始化完成后向通信终端发送如下文本:

您好! 欢迎使用跑马灯控制系统!

请输入显示周期码 0~9 或顺序码 L/R:

(3) 在收到错误代码时,发送如下文本:

输入有误! 请重新输入:

(4) 采用按钮操作时,发送如下文本:

当前显示顺序是从左到右。

或者

当前显示顺序是从右到左。

(5) 为了监控系统是否正常运行,每 5 s 开发板通过串口发送汇报文本:

当前显示周期为 秒,显示顺序是从 到 。

6-8 采用 STM32F401 实现信号采样,其功能要求如下:

等周期采样 PA0 脚的信号,采样数据为 8 位,采样周期为 1 ms,即采样频率为 1 kHz。每采样一次数据就通过串口将其发送到通信终端。

第七章 典型微控制系统设计开发

本章将介绍如何根据需求来设计和开发一个简易的典型微控制系统,对电路设计、设备驱动开发、功能调试以及模拟仿真等关键工作进行了详细描述。

本章学习目的:

(1) 掌握微处理器系统的设计开发方法;

(2) 了解微控制系统的常规电路设计;

(3) 掌握驱动软件设计的基本框架与硬件调试和集成的技能。

7.1 设 计 需 求

本节设计一款基于 STM32F401RET6 的自动温度控制器硬件平台并开发相应的接口驱动。

1. 处理器

处理器使用 STM32F401RET6。

2. 接口

(1) 1 路 RS232 接口(三线),与通信模块连接,并接收远程的控制命令。

(2) 1 路热敏电阻接口(二线),采用分压式电路进行检测,每 200 ms 检测一次。

(3) 1 路 4~5 V 的直流风扇电机接口(二线),由板上供电,支持的最大电流为 150 mA。采用 PWM 控制通断,频率为 100 Hz。

(4) 1 个 7 段数码管,显示数字 0、1、2、3、4、5、6、7、8、9。

(5) 提供一个用户按钮,用于控制数码管的显示。

(6) 提供一个用户指示灯,正常工作时周期闪亮,即 1 秒亮 1 秒灭。

(7) 提供重置按钮。

(8) 提供 SWD 调试接口。

3. 电源

采用 5 V 直流电,由插座提供。电源高电位(正极)接开关,低电位(负极)作为电路的公共参考电位,通常称为地。使用自恢复式保险进行电源保护。电源变换后产生 3.3 V 直流电压,3.3 V 电源驱动电源指示灯。

7.2 电 路 设 计

整个电路分为三大模块,即处理器电路、接口电路和电源电路。电源电路中的元件选型取决于另外两个模块电路的电压和电流值。

7.2.1 处理器电路

STM32F401RET6 为 64 管脚，采用 LQFP 封装，如图 7-1 所示。其供电电压为 3.3 V，最大工作电流约为 40 mA。采用 SWD 调试接口，外部提供 32.768 kHz 和 8 MHz 的时钟，设有一个复位按钮，并支持启动模式选择。

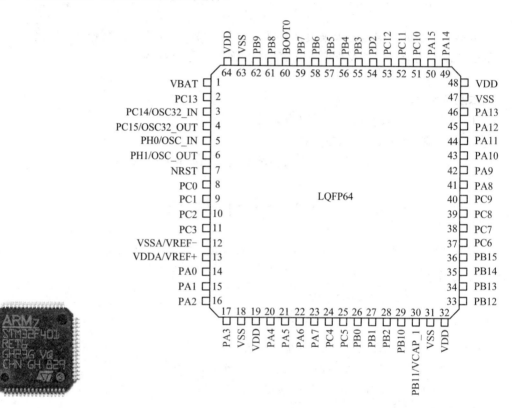

图 7-1　STM32F401RET6 处理器管脚分布图

芯片的每个功能管脚除了作为 GPIO 外，还可以作为备选设备(AF)的输入或输出，也可以作为专用的模拟输入或输出，如表 7-1 所示。

表 7-1　STM32F401RET6 管脚复用表

管脚	GPIO	AF 的输入或输出	模拟输入或输出
14	PA0	TIM2_CH1, TIM5_CH1, USART2_CTS, TIM2_ETR, EVENTOUT	WK_UP,ADC1_IN0
15	PA1	TIM2_CH2, TIM5_CH2, USART2_RTS, EVENTOUT	ADC1_IN1
16	PA2	TIM2_CH3, TIM5_CH3, USART2_TX, TIM9_CH1, EVENTOUT	ADC1_IN2
17	PA3	TIM2_CH4, TIM5_CH4, USART2_RX, TIM9_CH2, EVENTOUT	ADC1_IN3
20	PA4	SPI1_NSS, SPI3_NSS/I2S3_WS, USART2_CK, EVENTOUT	ADC1_IN4
21	PA5	TIM2_CH1/TIM2_ETR, SPI1_SCK, EVENTOUT	ADC1_IN5
22	PA6	TIM1_BKIN, TIM3_CH1, SPI1_MISO, EVENTOUT	ADC1_IN6
23	PA7	TIM1_CH1N, TIM3_CH2, SPI1_MOSI, EVENTOUT	ADC1_IN7

管脚	GPIO	AF	模拟输入或输出
41	PA8	I2C3_SCL, MCO_1, TIM1_CH1, USART1_CK, OTG_FS_SOF, EVENTOUT	
42	PA9	I2C3_SMBA, TIM1_CH2, USART1_TX, EVENTOUT	OTG_FS_VBUS
43	PA10	TIM1_CH3, USART1_RX, OTG_FS_ID, EVENTOUT	
44	PA11	TIM1_CH4, USART1_CTS, USART6_TX, OTG_FS_DM, EVENTOUT	
45	PA12	TIM1_ETR, USART1_RTS, USART6_RX, OTG_FS_DP, EVENTOUT	
46	PA13	JTMS-SWDIO, EVENTOUT	
49	PA14	JTCK-SWCLK, EVENTOUT	
50	PA15	JTDI,TIM2_CH1/TIM2_ETR,SPI1_NSS,SPI3_NSS/I2S3_WS, EVENTOUT	
26	PB0	TIM1_CH2N, TIM3_CH3, EVENTOUT	ADC1_IN8
27	PB1	TIM1_CH3N, TIM3_CH4, EVENTOUT	ADC1_IN9
28	PB2	EVENTOUT	BOOT1
55	PB3	JTDO-TRACESWO,TIM2_CH2,SPI1_SCK/I2S3_CK,SPI1_SCK, I2C2_SDA,EVENTOUT	
56	PB4	NJTRST,TIM3_CH1,SPI1_MISO,SPI3_MISO,I2S3ext_SD,I2C3_SDA, EVENTOUT	
57	PB5	TIM3_CH2, I2C1_SMBA, SPI1_MOSI, SPI3_MOSI/I2S3_SD, EVENTOUT	
58	PB6	TIM4_CH1, I2C1_SCL, USART1_TX, EVENTOUT	
59	PB7	TIM4_CH2, I2C1_SDA, USART1_RX, EVENTOUT	
61	PB8	TIM4_CH3, I2C1_SCL, SDIO_D4, TIM10_CH1, EVENTOUT	
62	PB9	TIM4_CH4, I2C1_SDA, SPI2_NSS/I2S2_WS, SDIO_D5, TIM17_CH1, EVENTOUT	
29	PB10	TIM2_CH3, I2C2_SCL, SPI2_SCK/I2S2_CK, EVENTOUT	
30	PB11	TIM2_CH4, I2C2_SDA, EVENTOUT	
33	PB12	I2C2_SMBA, SPI2_NSS/I2S2_WS, TIM1_BKIN, EVENTOUT	
34	PB13	TIM1_CH1N, SPI2_SCK/I2S2_CK, EVENTOUT	
35	PB14	TIM1_CH2N, SPI2_MISO, I2S2ext_SD, EVENTOUT	
36	PB15	TIM1_CH3N, SPI2_MOSI/I2S2_SD, EVENTOUT	
8	PC0	EVENTOUT	ADC1_IN10
9	PC1	EVENTOUT	ADC1_IN11
10	PC2	SPI2_MISO, I2S2ext_SD, EVENTOUT	ADC1_IN12
11	PC3	SPI2_MOSI/I2S2_SD, EVENTOUT	ADC1_IN13
24	PC4	EVENTOUT	ADC1_IN14
25	PC5	EVENTOUT	ADC1_IN15
37	PC6	TIM3_CH1, USART6_TX, I2S2_MCK, SDIO_D6, EVENTOUT	

管脚	GPIO	AF	模拟输入或输出
38	PC7	TIM3_CH2, USART6_RX, I2S2_MCK, SDIO_D7, EVENTOUT	
39	PC8	TIM3_CH3, TIM8_CH3, SDIO_D0, EVENTOUT	
40	PC9	TIM3_CH4, TIM8_CH4, SDIO_D1, EVENTOUT, MCO_1	
51	PC10	SPI3_SCK/I2S3_CK, SDIO_D2, EVENTOUT	
52	PC11	SPI3_MISO, I2S3ext_SD, SDIO_D3, EVENTOUT	
53	PC12	SPI3_MOSI/I2S_SD, SDIO_CK, EVENTOUT	
2	PC13	EVENTOUT	
3	PC14	EVENTOUT	OSC32_IN
4	PC15	EVENTOUT	OSC32_OUT
54	PD2	TIM3_ETR, SDMMC1_CMD, EVENTOUT	
5	PH0	EVENTOUT	OSC_IN
6	PH1	EVENTOUT	OSC_OUT

一个典型的 STM32F401RE 电路如图 7-2 所示。

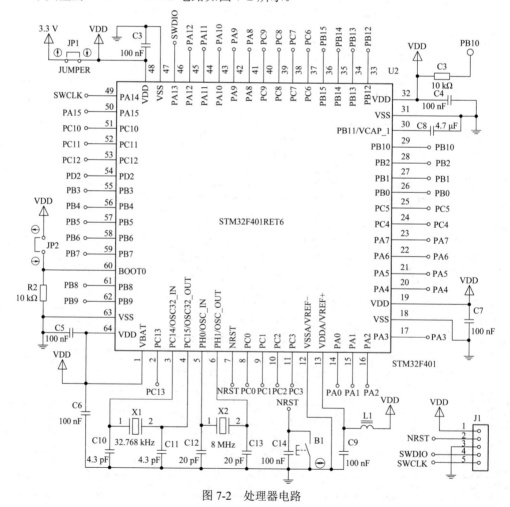

图 7-2　处理器电路

图 7-2 中，外部时钟源有 32.768 kHz 和 8 MHz 两个晶体谐振器，分别连接 OSC32_IN/OUT 和 OSC_IN/OUT。重启管脚 NRST 低电平有效，内部默认上拉，因此外部连接按钮 B1 接地，同时并联电容用来防抖。该电路调试采用 SWD 方式，即 SWCLK 和 SWDIO 两信号线，连接 ST-SWD 标准接口。在启动模式下，管脚 BOOT0 通过下拉电阻接地，BOOT1 通过上拉电阻接电源。在启动模式下，默认内部 FLASH 启动，BOOT0 通过跳线连接电源，启动模式为内部 RAM 启动。

电路中常用的元件如图 7-3 所示。

(a) 电阻　　(b) 电容　　(c) 晶体谐振器　(d) 磁珠 (e) 按钮 (f) 跳线插针 (g)单排插针

图 7-3　电路元器件

电阻通常用 R 作为标识前缀，用来提供管脚的默认电平，连接电源时称为上拉电阻，连接地时称为下拉电阻。

电容通常用 C 作为标识前缀，利用其充放电特性可减少因电流动态变化导致的电压变化。容量大一点的电容通常放在电源管脚处以减少电源电压波动，也称为去耦。容量小一点的电容放在信号管脚旁，用来过滤高频信号，减少突发干扰。

电感通常用 L 作为标识前缀，利用其内部电磁转换的特点可以减少电流的波动。磁珠专用于抑制信号线、电源线上的高频噪声和尖峰干扰，还可以吸收静电脉冲。

晶体谐振器通常用 X 作为标识前缀，与内部振荡电路共同产生所期望的时钟信号。

按钮(轻触开关)通常用 B 作为标识前缀，主要实现电路暂时短路或导通，常与上拉电阻或下拉电阻配合使用，从而提供两种相反的电平，即未按下去时提供高(低)电平，按下去时提供低(高)电平。

插针通常用 J、JP 或 CON 作为标识前缀，主要用于外接连线。作为跳线时，将两根插针短接或悬空即可。

7.2.2　接口电路

1. 热敏电阻接口

热敏电阻与固定电阻一起构成分压电路，采用电容耦合以减少干扰对电路的影响，如图 7-4 所示。电路需通过 ADC 采样来获取电压值，故采用管脚 PC2 的模拟功能 ADC1_IN12。外接阻值为 50 kΩ 的 MF58 系列热敏电阻，电路最大电流约为 0.05 mA。

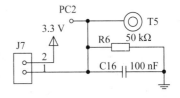

图 7-4　热敏电阻接口电路

2. 电机驱动接口

处理器产生 PWM 波形来调控速度，采用管脚 PC6 作为定时器 TIM3 通道 1 的输出，如图 7-5 所示。由于需要较大电流，管脚无法直接提供，因此采用 NPN 三极管作为开关控制供电。

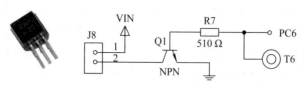

图 7-5 电机驱动接口电路图

3. RS232 接口

电路采用 MAX3232 器件提供 RS232 电平,供电电压为 3.3 V,工作电流为 0.3 mA。连接 PA11 和 PA12 对应的管脚,分别对应 UART6 的 TX 和 RX,如图 7-6 所示。管脚工作在高电平或低电平,高电平表示 1,低电平表示 0。MAX3232 的 T1OUT 和 R1IN 工作电压为正负电压,+5.5 V 表示 0,−5.5 V 表示 1。

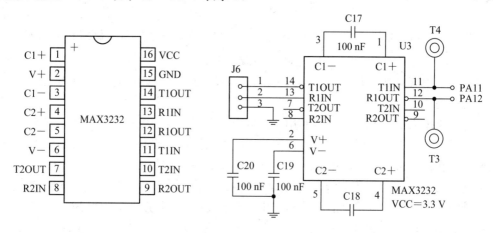

图 7-6　RS232 接口电路

使用 RS232 电路时,首先要检查对方是否也是 RS232 电平,只有相同时方可交叉连接。

4. 显示电路

显示电路采用共阳数码管。数码管是由八个 LED 按照一定位置摆放的,如图 7-7 所示。八个 LED 共用管脚 COM 通过限流电阻连接电源,其他八个管脚分别称为管脚 a、b、c、d、e、f、g 和 h,分别通过限流电阻与 PC3、PC4、PC5、PC8、PC9、PC10、PC11 和 PC12 相连,如图 7-8 所示。管脚 a~g 用来显示数字,管脚 h 控制数码管中的圆点,用作指示灯。

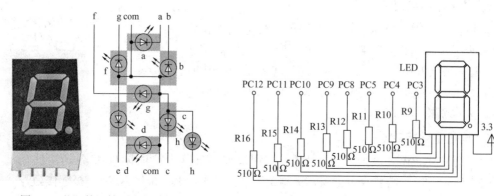

图 7-7　共阳数码管及内部结构图　　　　　图 7-8　显示电路

每段 LED 发光时压降约为 1.6 V，平均电流不小于 3 mA，供电采用 3.3 V，故限流电阻约为 510 Ω。因此，全亮时电流约为 24 mA。

5. 按钮电路

按钮电路采用 PC13 作为用户按钮输入，如图 7-9 所示，按下时电流约为 0.2 mA。

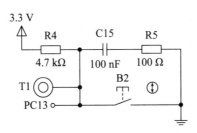

图 7-9　按钮电路

7.2.3　电源电路

电源采用外部 5 V 的直流输入，通过肖特基二极管 1N5817 后变到 4.5 V 左右。要生成处理器电路所需要的 3.3 V 电压，还要用稳压模块来产生，并提供不少于 65 mA 的电流。因此采用 HT7533 产生 3.3 V 电源，提供 100 mA 电流。电源电路如图 7-10 所示，所用的电子元器件如图 7-11 所示。

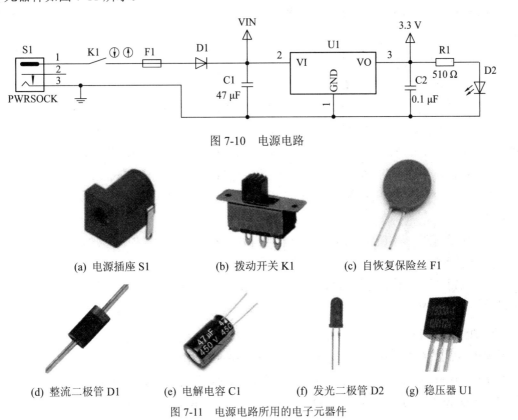

图 7-10　电源电路

(a) 电源插座 S1　　(b) 拨动开关 K1　　(c) 自恢复保险丝 F1

(d) 整流二极管 D1　　(e) 电解电容 C1　　(f) 发光二极管 D2　　(g) 稳压器 U1

图 7-11　电源电路所用的电子元器件

7.3 电路测试

1. 连接与短路检查

使用万用表中的短路报警功能来检查器件之间的连接关系。当检查某几个管脚是否连通时,将一只表笔接触其中一个管脚,另一只表笔分别接触其他管脚,即可确定该管脚与其他管脚是否连通。

电路未加电之前,先用万用表测量关键电源的输出是否短路,即 S1、U1 的第 1、3 脚与地之间的电阻是否非常小。如果电阻非常小,表明短路,那么典型故障为:电路焊接与地短接,电容击穿,电源变换器损坏。

2. 电源电路

拨动开关 K1 断开时,电源插座输入 5 V 电压,测量 K1 与 S1 连接处电压是否为 5 V。若不是 5 V,则检查 S1 是否虚焊。

若拨动开关 K1 闭合,U1 的管脚 2 和 3 的电压分别为 4.5 V 左右和 3.3 V,且 D2 发光。若某点电压不正常,则典型故障为虚焊或二极管焊反。

3. 重置电路

采用万用表测量 B1 与处理器相连的管脚,默认为高电平(约 3.3 V)。按下按钮,测量值为低电平(0 V)。

4. 接口电路测试

JP1 不连接,即处理器不供电。测量接口如下:

(1) 热敏电阻接口:测量 T5 电压值为 0 V,J7 短接时测量 T5 电压为 3.3 V。

(2) 电机驱动接口:将 100 Ω 电阻跨接 J8 两脚,采用万用表测量 Q1 与 J8 连接处的电压值。当加 3.3 V 于 T6 时,测量值为 0.3 V;当加 0 V 于 T6 时,测量值约为 4.5 V。

(3) RS232 接口:将 J6 的 1、2 管脚短接,先将 T4 接 3.3 V,J6 的短接管脚电压值为 −5.5 V,T3 的电压值为 3.3 V;再将 T4 接地,J6 的短接管脚电压值为 5.5 V,T3 的电压值为 0 V。

(4) 显示电路:将 R9~R16 中任一电阻与处理器管脚的连接处短接地,数码管中的相应发光二极管就会点亮。

(5) 按钮电路:采用万用表测量 T1 的电压值,未按按钮 B2 时为高电平(约 3.3 V),按下时为低电平(0 V)。

5. 处理器电路测试

采用 SWD 方式连接调试器进行软件调试。在 Keil 中建立一个新工程,在工程选项窗口的调试(Debug)栏中选择调试器类型 ST-LINK/V2-1,并进入设置(Settings),正常情况可以检测到 SW 设备。图 7-12 是采用 ST-LINK 调试时的显示信息。

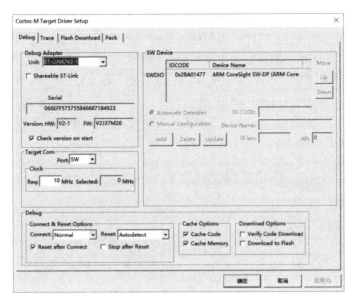

图 7-12　ST-LINK 调试显示信息

7.4　驱动程序设计

该小系统主要实现温度采集与电机速度控制，是一个典型的控制系统实例。

7.4.1　数码管显示控制

由图 7-8 所示的显示电路可知，PC12 控制 LED，输出低时 LED 亮，输出高时 LED 灭。共阳七段数码管分别连接 PC3、PC4、PC5、PC8、PC9、PC10、PC11。某管脚为低电平时相应的 LED 亮，为高电平时相应的 LED 灭。数字 0～9 的显示与七个管脚的电平对应如表 7-2 所示。

表 7-2　共阳数码管显示控制电平

显示	g(PC11)	f(PC10)	e(PC9)	d(PC8)	c(PC5)	b(PC4)	a(PC3)	输出值
0	1	0	0	0	0	0	0	0x800
1	1	1	1	1	0	0	1	0xF08
2	0	1	0	0	1	0	0	0x420
3	0	1	1	0	0	0	0	0x600
4	0	0	1	1	0	0	1	0x308
5	0	0	1	0	0	1	0	0x210
6	0	0	0	0	0	1	0	0x010
7	1	1	1	1	0	0	0	0xF00
8	0	0	0	0	0	0	0	0x000
9	0	0	1	0	0	0	0	0x200

定义函数 void LedInit()来配置 PC12 为推挽低速无上下拉输出管脚。

定义函数 void LedSw()来进行亮灭切换，即输出电平翻转。

定义函数 void SegInit()来初始化七段数码管的驱动电路，主要完成使能 GPIOC 时钟，配置 PC3、PC4、PC5、PC8、PC9、PC10、PC11 为低速开漏、无上下拉输出并对各管脚置位。

定义函数 void SegDisp(char num)来显示数值。对于有效数值，根据该数值所对应的电平组合分别对 GPIOC 中的相应位进行置位或清零操作；对于无效数值，将所有相应位进行置位操作，使数码管无显示。

具体实现代码如下：

```
============segdisplay.h============
#ifndef _SEGDISPLAY_H
#define _SEGDISPLAY_H
void LedInit();
void LedSw();
void SegInit();
void SegDisp( unsigned char num);
#endif
============segdisplay.c============
#include "stm32f4xx.h"
#include "segdisplay.h"
void LedInit()
{//配置 PC12 为推挽低速无上下拉输出
    RCC->AHB1ENR |= 0x4;                //使能 GPIOC 时钟
    GPIOC->MODER = (GPIOC->MODER & ~0x3000000)|0x1000000;   //输出管脚
    GPIOC->OTYPER &= ~0x1000;        //推挽输出
    GPIOC->OSPEEDR &= ~0x3000000; //低速
    GPIOC->PUPDR &= ~0x3000000;        //无上拉，无下拉
    GPIOC->ODR &= ~0x1000;              //指示灯亮
}
void LedSw()
{
    GPIOC->ODR ^= 0x1000;               //PC12 取反
}
void SegInit()
{//配置 PC3、PC4、PC5、PC8、PC9、PC10、PC11 为低速开漏，无上下拉输出
    RCC->AHB1ENR |= 0x4;                //使能 GPIOC 时钟
    GPIOC->MODER = (GPIOC->MODER & ~0xFF0FC0)|0x550540;   //输出管脚
    GPIOC->OTYPER |= 0xF38;             //开漏输出
    GPIOC->OSPEEDR &= ~0xFF0FC0; //低速
    GPIOC->PUPDR &= ~0xFF0FC0;          //无上拉，无下拉
```

```
        GPIOC->ODR |= 0xF38;                    //置高(不亮)
    }
    static int disp_bits[]={0x800, 0xF08, 0x420, 0x600, 0x308, 0x210, 0x010, 0xF00, 0x000,
0x200};
    void SegDisp( unsigned char num )
    {
        if (num<=9)
            GPIOC->ODR = (GPIOC->ODR & ~0xF38)|disp_bits[num];
        else
            GPIOC->ODR |= 0xF38;
    }
```

7.4.2 温度测量控制

由处理器电路可知，PC2 作为 ADC 的输入 ADC1_IN12。

定义函数 void TmepMeasInit()配置 ADC1 参数，即常规转换为非连续模式，精度为 12 bit，非连续通道数为1，单次模式，右对齐，非外部触发，最后使能 ADC。

定义函数 void TempMeasRun()启动 ADC。

定义函数 int TempMeasGet(unsigned char *ptemp)获取是否成功及采样值高 8 位，用于更新温度测量值。

具体实现代码如下：

```
===========tempmeasure.h===========
#ifndef _TEMPMEASURE_H
#define _TEMPMEASURE_H
void TempMeasInit();
void TempMeasRun();
int TempMeasGet(unsigned char *ptemp);
#endif
=========== tempmeasure.c===========
#include "stm32f4xx.h"
#include " tempmeasure.h"
void TempMeasInit()
{
    RCC->AHB1ENR |= 0x1<<2;
    GPIOC->MODER |= 0x3<<4;          //配置 ADC1_IN12 的输入管脚(PC2)
    RCC->APB2ENR |= 0x1<<8;          //使能 ADC1 的时钟
    ADC->CCR |= 3;
    ADC1->SMPR1 |= 0x7<<6;
    ADC1->SQR1 = 0;
    ADC1->SQR3 = 12;
```

```
        ADC1->CR1 = 1<<11;
        ADC1->CR2 = 1;
    }
    void TempMeasRun()
    {
        ADC1->SR &= ~0x2;
        ADC1->CR2 |= 1<<30;
    }
    int TempMeasGet(unsigned char *ptemp)
    {
        if(!(ADC1->SR & 2))
            return 0;
        *ptemp = (unsigned char)(ADC1->DR>>4);
        return 1;
    }
```

7.4.3 按钮控制

定义函数 void BtnInit()初始化按钮输入端，使能 GPIOC 时钟，配置 PC13 为无上拉、下拉输入。

定义函数 void BtnIntEn(void (*isr)())来配置 PC13 的输入电平下降沿产生中断及中断处理所要调用的外部程序。

定义函数 void EXTI15_10_IRQHandler()作为 PC13 所产生的中断的服务函数。

具体实现代码如下：

```
===========button.h===========
#ifndef _BUTTON_H
#define _BUTTON_H
void BtnInit();
void BtnIntEn(void (*isr)());
void EXTI15_10_IRQHandler(void);
#endif
===========button.c===========
#include <stm32f4xx.h>
#include "button.h"
static void (*btn_isr)() = 0;
void BtnInit()
{
    RCC->AHB1ENR |= 1<<2;          //使能 GPIOC 时钟

    GPIOC->MODER &= ~(0x3<<26);
```

```
        GPIOC->PUPDR &= ~(0x3<<26);
        btn_isr = 0;
}
void BtnIntEn(void (*isr)())
{
        btn_isr = isr;
        RCC->APB2ENR |= 1<<14;          //使能 SYSCFG 时钟
        SYSCFG->EXTICR[3] = (SYSCFG->EXTICR[3] & ~(0xF<<4))| (2<<4);
                                        //EXTI13 信号源为 PC13
        EXTI->IMR |= 1<<13;             //取消对 EXTI13 信号线的屏蔽
        EXTI->FTSR |= 1<<13;            //设定 EXTI13 中断触发信号为下降沿
        NVIC->ISER[1] |= 1<<8;          //在 NVIC 中设置 EXTI15_10 中断使能
}
void EXTI15_10_IRQHandler(void)
{
        EXTI->PR |= 1<<13;              //清除当前已经产生的 EXTI13 中断
        if(btn_isr)
                btn_isr();
}
```

7.4.4 异步串口收发控制

异步串口采用 USART6，其接收采用中断方式，而发送采用单字符方式。

定义函数 void UartInit()初始化 USART6 并使能接收中断。

定义函数 int UartTx(char txd)实现对字符的发送。若可以发送，则发送且返回成功，否则返回失败。

定义函数 int UartRx(char *prxd)实现对字符的接收。若收到数据，则读取且返回成功，否则返回失败。

定义函数 void UartRxIntEn(void(*isr)(char))使能接收中断，配置接收中断服务程序所要调用的外部处理程序。

定义函数 void USART6_IRQHandler()实现接收中断处理，读取每次接收到的字符，并调用处理函数。

具体实现代码如下：

```
===============uart.h============
#ifndef_UART_H
#define_UART_H
void UartInit();
int UartTx(char txd);
int UartRx(char *prxd);
```

```c
    void UartRxIntEn(void (*isr)(char));
    void USART6_IRQHandler();
    #endif
    ==============uart.c==============
    #include <stm32f4xx.h>
    #include "uart.h"
    static void (*rx_isr)() = 0;
    void UartInit()
    {
        RCC->AHB1ENR |= 1;                          //使能 GPIOA 时钟
        RCC->APB2ENR |= 1<<5;                       //使能 USART6 时钟
        //配置 PA11、PA12 为复用、推挽输出、高速
        GPIOA->MODER = (GPIOA->MODER & ~(0xF<<22))| (0xA<<22);
        GPIOA->OTYPER &= ~(0x3<<11);
        GPIOA->OSPEEDR = (GPIOA->OSPEEDR & ~(0xF<<22)) | (0xA<<22);
        //设置 AFRH 寄存器,PA11 和 PA12 采用复用模式 AF7,分别配置为 U6TX 和 U6RX
        GPIOA->AFR[1]= (GPIOA->AFR[1] & ~(0xFF<<12)) | (0x88<<12);
        USART6->BRR = 1667;
        USART6->CR1 = (1<<13)|(1<<3)|(1<<2);   //使能接收和发送功能
        rx_isr = 0;
    }
    int UartTx(char txd)
    {
        if(!(USART6->SR & (0x1<<7)))
            return 0;
        USART6->DR = txd;
        return 1;
    }
    int UartRx(char *prxd)
    {
        if(!(USART6->SR & (0x1<<5)))
            return 0;
        *prxd = USART6->DR;
        return 1;
    }
    void UartRxIntEn(void (*isr)(char))
    {
        USART6->CR1 |= 1<<5;
        NVIC->ISER[2] |= 1<<7;
```

```
        rx_isr = isr;
}
void USART6_IRQHandler(void)
{
        char rxd;
        if(UartRx(&rxd))
        {
                if(rx_isr)
                        rx_isr(rxd);
        }
}
```

7.4.5 电机驱动控制

采用定时器 3 的通道 1 产生 PWM。

定义函数 void MotorInit()使能定时器 3 的时钟，配置 PC6 为推挽高速无上拉、下拉输出，初始化 TIM3 周期和 CH1 的比较参数。

定义函数 void MotorSpeedSet(unsigned char ratio)来设置 PWM 的高电平时长以控制电机转速。

具体实现代码如下：

```
===========motorctrl.h==========
#ifndef _MOTORCTRL_H
#define _MOTORCTRL_H
void MotorInit(void);
void MotorSpeedSet( unsigned char ratio );
#endif
==========motorctrl.c==========
#include <stm32f4xx.h>
#include "motorctrl.h"
void MotorInit(void)
{
    RCC->AHB1ENR   |= 1<<2;            //使能 GPIOC 时钟
    GPIOC->MODER = (GPIOC->MODER & ~(3<<12)) | (2<<12); //设置 PC6 为 AF
    GPIOC->OTYPER &= ~(1<<6);          //设置 PC6 为推挽
    GPIOC->OSPEEDR = (GPIOC->OSPEEDR &~(3<<12)) | (2<<12); //设置 PC6 为高速
    GPIOC->AFR[0] = (GPIOC->AFR[0] & ~(0xf<<24))|(2<<24);
                                       //将 PC6 复用为 TIM3 的 CH1 输出
    RCC->APB1ENR |= 1<<1;              //使能 TIM3 时钟

    TIM3->CR1 = 0x80;                  //设定为边沿对齐，向上计数工作模式
```

```
        TIM3->ARR = 159;                    //设定计数器分频系数
        TIM3->PSC = 999;                    //设定预分频系数
        TIM3->CCR1 = 0;                     //配置 CH1 为 PWM1 输出模式
        TIM3->CCER |= 1<<0;                 //使能比较通道 1 作为输出
        TIM3->CCMR1 = (TIM3->CCMR1 & ~(0xFF<<0)) | (0x68<<0);
        TIM3->CR1 |= 0x1;                   //开启 TIM2
    }
    void MotorSpeedSet( unsigned char ratio )
    {
        if( ratio >=10 )
            TIM3->CCR1 = TIM3->ARR+1;
        else
            TIM3->CCR1 = (TIM3->ARR+1) * ratio/10;
    }
```

7.4.6　时序控制

数码管中的圆点作为工作指示灯每 0.5 s 闪亮切换一次，温度测量每 0.2 s 进行一次。用 TIM4 产生 0.5 s 的定时来控制工作指示灯，用定时器 TIM2 产生 0.2 s 的定时来测量温度。实现代码如下：

```
============timer.h==========
#ifndef _TIMER_H
#define _TIMER_H
void Tim2Init();
void Tim2IntEn(void (*isr)());
void TIM2_IRQHandler();
void SysTickInit();
void SysTickIntEn(void (*isr)());
void SysTick_Handler();
#endif
============timer.c============
#include <stm32f4xx.h>
#include "timer.h"
static void (*tim2_isr)()=0;
void Tim2Init()
{
    RCC->APB1ENR |=1<<0;        //使能 TIM2
    TIM2->CR1 = 1<<7;           //设定为边沿对齐、向上计数工作模式
    TIM2->ARR = 3199;           //设定计数器分频系数
    TIM2->PSC = 999;            //设定预分频系数
```

```
        TIM2->CR1 |= 1<<0;              //开启 TIM2
        tim2_isr = 0;
}
void Tim2IntEn(void (*isr)())
{
        tim2_isr = isr;
        TIM2->DIER |= 1<<0;             //设置中断更新使能
        NVIC->ISER[0] |= 1<<28;         //在 NVIC 中设置 TIM2 中断使能
}
void TIM2_IRQHandler(void)
{
        TIM2->SR &= ~(1<<0);            //清除当前中断事件
        if(tim2_isr)
                tim2_isr();
}
static void (*tim4_isr)()=0;
void Tim4Init()
{
        RCC->APB1ENR |=1<<2;            //使能 TIM2
        TIM4->CR1 = 1<<7;               //设定为边沿对齐、向上计数工作模式
        TIM4->ARR = 7999;               //设定计数器分频系数
        TIM4->PSC = 999;                //设定预分频系数
        TIM4->CR1 |= 1<<0;              //开启 TIM2
        tim4_isr = 0;
}
void Tim4IntEn(void (*isr)())
{
        tim4_isr = isr;
        TIM4->DIER |= 1<<0;             //设置中断更新使能
        NVIC->ISER[0] |= 1<<30;         //在 NVIC 中设置 TIM4 中断使能
}
void TIM4_IRQHandler(void)
{
        TIM4->SR &= ~(1<<0);            //清除当前中断事件
        if(tim4_isr)
                tim4_isr();
}
```

7.5 功 能 测 试

7.5.1 测试平台

测试平台通常分为两类：硬平台和软平台。硬平台可以是项目所用的硬件平台，也可以是通用的开发板。软平台则是由具有相同或相近功能的仿真软件搭建的仿真验证系统。

通常在开发硬件的同时也进行软件的开发和测试。如果硬件平台没有搭建好或由于其他原因暂时无法使用硬件，则可以采用仿真软件先进行功能开发、测试及验证。

Proteus 软件是英国 Lab Center Electronics 公司推出的 EDA 工具软件。它不仅具有其他 EDA 工具软件的仿真功能，还能仿真微处理器及外围器件。它内部含有 STM32F401 器件，可以采用专用的 IDE 进行程序编制，并利用软件上提供的工具进行仿真运行及调试。

通过软件仿真可以验证驱动程序是否正确，为上板调试消除程序中的漏洞和处理错误。

建立基于 STM32F401RE 的工程，如图 7-13 所示，选择自动生成启动文件及固件工程。仿真平台提供的 IDE 仅支持 GCC 编译器，所以需要安装相应的编译软件。也可以在 Keil 下编制，通过编译链接最终生成 HEX 文件，再将 HEX 文件加载至模拟仿真系统中进行运行调试。

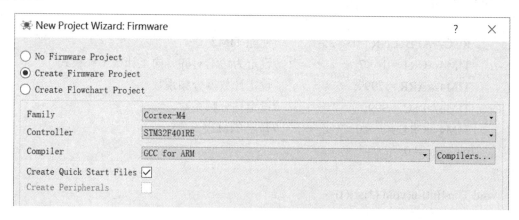

图 7-13 STM32F401RE 的 Proteus 工程

仿真电路图如图 7-14 所示。软平台主要进行功能仿真，因此串口没用 RS232 电平，而采用仿真平台本身提供的串口终端、直流电机、数码管、热敏电阻和轻触开关。

串口终端提供串口波特率和位数等参数配置，可以以字符或十六进制显示接收到的字符，也可以发送键盘输入的字符，并选择是否回显，还可以模拟外部远端的串口收发设备来进行数据通信。

直流电机提供工作电压、电感电阻及电感等参数配置，并显示正转或反转速率。

热敏电阻提供热敏电阻参数配置、温度显示及手工调节功能，用以模拟温度变化。

轻触开关模拟轻触按钮进行显示控制。

工程中包含自动产生的各种头文件和部分启动源文件，采用添加的方式将前面所编制的程序文件加入工程中。

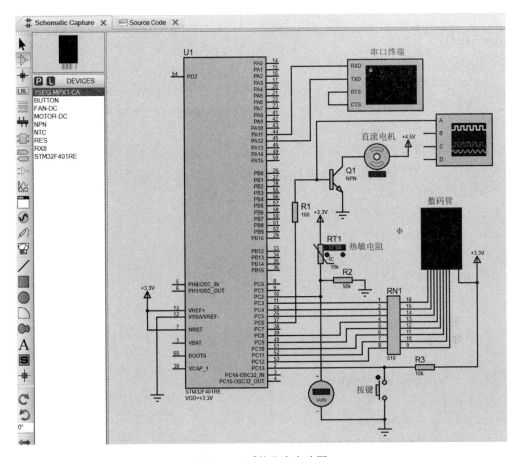

图 7-14 系统仿真电路图

7.5.2 单功能模块测试

在主文件 main.c 中加入相应的单功能模块测试代码即可完成单功能模块测试。

1. LED 驱动测试

实现延时一段时间指示灯亮灭切换一次，代码如下：

```
#include <stm32f4xx.h>
#include "segdisplay.h"
void test_led_drv()
{
    int i;
    LedInit();
    while(1)
    {
        for(i=0;i<2000000;i++);        //延时
        LedSw();
    }
}
```

```
}
int main()
{
    test_led_drv();
    return 0;
}
```

2. 数码显示测试

定时循环显示数值 0~9，代码如下：

```c
#include <stm32f4xx.h>
#include "segdisplay.h"
void test_seg_display()
{
    unsigned char ch;
    int i;
    SegInit();
    while(1)
    {
        for(ch=0; ch<=9; ch++)
        {
            SegDisp(ch);
            for(i=0;i<2000000;i++);
        }
    }
}
int main()
{
    test_seg_display();
    return 0;
}
```

3. 定时器 4 工作测试

利用定时器 4 中断控制 LED 的亮灭，代码如下：

```c
#include <stm32f4xx.h>
#include "segdisplay.h"
#include "timer.h"
void test_tim4_int()
{
    LedInit();
    Tim4Init();
```

```
    Tim4IntEn(LedSw);
    while(1);
}
int main(void)
{
    test_tim4_int();
    return 0;
}
```

4. 定时器 2 工作测试

利用定时器 2 中断控制 LED 的亮灭，代码如下：

```
#include <stm32f4xx.h>
#include "segdisplay.h"
#include "timer.h"
void test_tim2_int()
{
    LedInit();
    Tim2Init();
    Tim2IntEn(LedSw);
    while(1);
}
int main(void)
{
    test_tim2_int();
    return 0;
}
```

5. UART 波特率检测

在实际调试中，有时 UART 的波特率产生电路存在配置不成功或错误的情况，从而导致波特率不对，使对方无法正确接收。因此，在 UART 进行通信之前，通常要进行波特率检测。

通过不断发送 0x55 产生高低电平交替的波形，测量任意一个高电平或低电平的时长，计算其倒数即可得到波特率。代码如下：

```
#include <stm32f4xx.h>
#include "uart.h"
void test_uart_baud()
{
    UartInit();
    while(1)
    {
```

```
              UartTx(0x55);
        }
}
int main()
{
    test_uart_baud();
    return 0;
}
```

6. UART 发送测试

利用延时循环发送 0～9 至终端，实现代码如下：

```
#include <stm32f4xx.h>
#include "uart.h"
void test_uart_tx()
{
    unsigned char ch;
    int i;
    UartInit();
    while(1)
    {
        for(ch='0'; ch<='9'; ch++)
        {
            while(!UartTx(ch));
            for(i=0;i<2000000;i++);
        }
    }
}
int main()
{
    test_uart_tx();
    return 0;
}
```

7. UART 接收测试

将接收到的终端发来的数据发回终端，其代码如下：

```
#include <stm32f4xx.h>
#include "uart.h"
void test_uart_rx()
{
    unsigned char ch;
```

```
    UartInit();
    while(1)
    {
        while(!UartRx(&ch));
        while(!UartTx(ch));
    }
}
int main()
{
    test_uart_rx();
    return 0;
}
```

8. UART 中断接收测试

将接收到的终端发来的数据发回终端，其代码如下：

```
#include <stm32f4xx.h>
#include "uart.h"
void uart_rx_proc( unsigned char ch )
{
    while(!UartTx(ch));
}
void test_uart_rx_int()
{
    UartInit();
    UartRxIntEn(uart_rx_proc);
    while(1);
}
int main()
{
    test_uart_rx_int();
    return 0;
}
```

9. 按钮接口测试

按一下 LED 灯亮灭切换一次，代码如下：

```
#include <stm32f4xx.h>
#include "segdisplay.h"
#include "button.h"
void btn_proc()
{
```

```
        LedSw();
    }
    void test_btn_int()
    {
        LedInit();
        BtnInit();
        BtnIntEn(btn_proc);
        while(1);
    }
    int main()
    {
        test_btn_int();
        return 0;
    }
```

10. PWM 控制测试

延时一段时间改变速度，通过示波器来发现 PWM 占空比变化或通过模拟工具发现转速变化。代码如下：

```
#include <stm32f4xx.h>
#include "motor.h"
void test_pwm_ctrl()
{
    int i, j;
    MotorInit();
    while(1)
    {
        for(i=0; i<9; i++)
        {
            MotorSpeedSet(i);
            for(j=0; j<1000000; j++);
        }
    }
}
int main()
{
    test_pwm_ctrl();
    return 0;
}
```

11. ADC 测量测试

采样数据并通过串口将其发送到终端，调节外部电阻或仿真元件，使终端显示的数值随之变化。具体代码如下：

```c
#include <stm32f4xx.h>
#include "tempmeasure.h"
void test_temp_measure()
{
    int i;
    unsigned char temp;
    UartInit();
    TempMeasInit();
    while(1)
    {   TempMeasRun();
        while(!TempMeasGet(&temp));
        while(!UartTx(temp));
        for(i=0; i<8000000; i++);
    }
}
int main()
{   test_temp_measure();
    return 0;
}
```

7.5.3 系统功能模块测试

系统测试主要完成接口驱动的联合测试，包括以下内容：

(1) 工作指示灯周期性闪亮切换；

(2) 获取温度测量采样值后，通过串口把测量值发送给远程终端，并启动下一次采样；

(3) 串口接收远程终端发来的速度等级(数字)后，配置相应的速度，并根据显示要求确定是否在数码管上显示接收到的数字；

(4) 按钮控制数码管是否显示当前的速度等级，是则灯亮并显示，否则灯灭不显示。

在主文件 main.c 中加入测试程序所用的数据,采用结构体方式来定义测试所用的参数。代码如下：

```c
#include <stm32f4xx.h>
#include "segdisplay.h"
#include "uart.h"
#include "tempmeasure.h"
#include "timer.h"
#include "motorctrl.h"
#include "button.h"
typedef struct {
    unsigned char temp_curr,speed, disp_on;
```

```c
} AutoCtrl;
AutoCtrl auto_ctrl={0,0,1};
void LedProc()
{
    LedSw();
}
void CmdProc(char cmd)
{   if(cmd>='0' && cmd <='9' )
    {
        auto_ctrl.speed = cmd - '0';
        MotorSpeedSet(auto_ctrl.speed);
        if( auto_ctrl.disp_on )
            SegDisp(auto_ctrl.speed);
    }
}
void TempMeasProc( )
{
    if(TempMeasGet(&auto_ctrl.temp_curr))
    {   TempMeasRun();
        UartTx(auto_ctrl.temp_curr);
    }
}
void BtnProc()
{
    if(auto_ctrl.disp_on)
    {   auto_ctrl.disp_on=0;
        SegDisp(0xff);
    }
    else
    {   auto_ctrl.disp_on=1;
        SegDisp(auto_ctrl.speed);
    }
}
int main(void)
{
    LedInit();
    SegInit();
    UartInit();
    TempMeasInit();
```

```
Tim2Init();
BtnInit();
Tim4Init();
MotorInit();
UartRxIntEn(CmdProc);
Tim2IntEn(TempMeasProc);
BtnIntEn(BtnProc);
Tim4IntEn(LedProc);
SegDisp(auto_ctrl.speed);
MotorSpeedSet(auto_ctrl.speed);
TempMeasRun();
while(1);
return 0;
}
```

待软件仿真功能全部正确后，再将程序用到工程所用的硬件平台上，根据实际测试微调一些参数即可完成硬件系统的功能测试。

习　　题

设计和开发一个实现恒温控制的简易微控制系统，使其能完成以下功能：

(1) 采用四个数码管显示当前温度或目标温度，即 xxx.x℃；

(2) 采用三个按键来实现设定目标温度；

(3) 采用 ADC 实现温度传感器上的电压测量；

(4) 采用异步串口向远程控制设备发送状态汇报，并接受远程字符串指令的控制。远程指令集如表 7-3 所示。

表 7-3　远程指令集

指令	方向	功　　能
STxxx.x	接收	设定目标温度为 xxx.x℃，温度范围为 000.0～999.9℃
STC	发送	确认收到目标温度设定指令
GTS	接收	读取目标温度
GTSxxx.x	发送	汇报当前目标温度
GTT	接收	读取当前温度
GTTxxx.x	发送	汇报当前温度

请按要求完成以下工作：

(1) 设计系统电路图，给出元器件值的选取依据；

(2) 编制每个接口的驱动程序，并给出调测方法；

(3) 建立软件仿真系统并进行接口调试验证；

(4) 建立综合仿真测试系统并进行功能验证。

附录　C 语言程序设计入门

汇编指令描述微处理器的硬件操作时非常清楚，但进行程序设计时可读性较差。实际系统通常采用 C 语言来进行程序开发。本附录简要介绍如何用 C 语言的基本语句和流程框架进行简单的程序设计，仅供读者初步认识或回顾 C 语言的相关知识。

一、平台安装

为了方便进行 C 语言程序设计，我们使用一个免费专用的学习软件小熊猫 Dev-Cpp(32 位版)。其下载地址为 https://royqh.net/devcpp/download，可以下载绿色版直接解压使用。

首先，新建一个文件夹 Dev-Cpp，把解压后的所有文件全部放在该文件夹中，如图 1 所示。

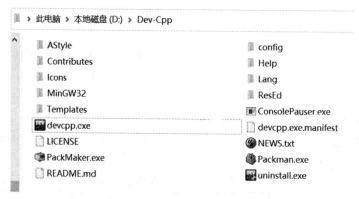

图 1　Dev-Cpp 文件目录

双击 devcpp.exe，学习平台窗口就显示出来了，如图 2 所示。

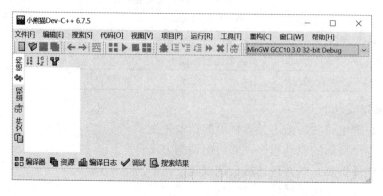

图 2　Dev-Cpp 平台窗口

接着新建一个 C 语言程序文件 test.c。在菜单栏"文件"下选择"新建"，再选择"源代码"，如图 3 所示。此时会出现未命名文件，如图 4 所示。

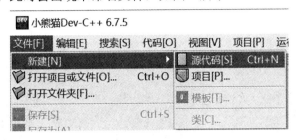

图 3　新建源代码

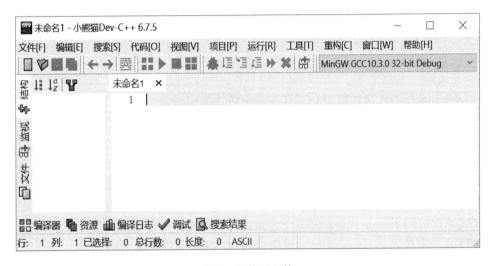

图 4　源代码文件

在菜单栏"文件"下选择"另存为"，在出现的对话框中选择存储目录，并为文件命名为 test.c，确认后界面的文件名就改为 test.c。

输入如图 5 所示的测试代码。

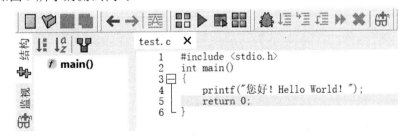

图 5　测试代码

程序编完之后要进行编译和链接生成可执行文件。因为程序使用的是文本(字母与数字)，文本是方便用户而使用的，计算机不认识文本，所以需要用编译器和链接器生成计算机认识的机器指令。

在菜单栏"运行"中选择"编译"、直接点击图标 ▦ 或按 F9 键，若源代码没有错误，则生成可执行文件，否则会报告错误。

生成可执行文件后，在菜单栏"运行"中选择"运行"、直接点击图标▶或按 F10 键，则程序运行，其结果如图 6 所示，在控制台窗口中显示出"您好！Hello World!"，再按任一键程序运行结束。

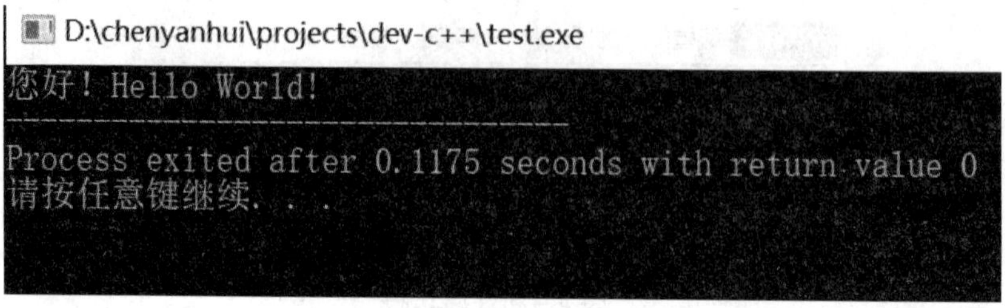

图 6　测试代码运行结果

至此，C 语言实践平台搭建成功。

二、变量赋值

计算机用来帮助人类处理信息，其实质是进行数据运算。

最简单的运算是 1＋1＝2。最简单的问题是 1＋1＝？，人们不假思索就可以回答 2。这是小学生的回答方式——直接给出值。

到了高年级，就有一种复杂的回答方法：设和为 s，根据题意可得 s＝1＋1＝2。这里将数用字母表示，并不是多此一举，而是帮助我们建立了"和＝加数＋加数"的关系式，并将每个量表示出来。由于两个加数为 1，它们本身就是值，因此直接使用。和需要一个符号来表示，故用字母 s 代替。在这三个量中，有两个量的值直接给出，而和的值是通过计算获得的，需要保存操作，即加运算完成后把计算结果赋给 s。

在 C 语言中，要给需要保存的量分配一个空间，并命名且指明类型(表明空间的大小)。需要分配空间的量称为变量，即值是可更改的量，而不是数学中的变量。要使用变量，必须先定义，就像数学中要用一个字母作为未知数或变量时需要假设一样。

通常根据变量的取值范围来选择类型。不同类型的值的范围如表 1 所示。

表 1　类型的值的范围

类型	值范围	类型	值范围
char	$-128\sim127$	unsigned char	$0\sim255$
short	$-32\,768\sim32\,767$	unsigned short	$0\sim65\,535$
long	$-32\,768\sim32\,767$	unsigned long	$0\sim4\,294\,967\,295$
int	$-32\,768\sim32\,767$	unsigned int	$0\sim4\,294\,967\,295$
float	$-3.4\times10^{-38}\sim3.4\times10^{38}$	double	$-1.7\times10^{-308}\sim1.7\times10^{308}$

表 1 中，int 型与处理器和操作系统有关，当前的计算机系统中 int 与 long 通用。通常 char 型称为字符型，unsigned char 型称为无符号字符型，short 型称为短整型，unsigned short 型称为无符号短整型，long 型称为长整型，unsigned long 型称为无符号长整型，int 型称为整型，unsigned int 型称为无符号整型，float 型称为单精度浮点型，double 型称为双精度实型。

1. 如何用 C 语言实现编程

图 7 为简单的基本程序的输入界面。键入相应语句时，若语句不合规定，则会提示出错。

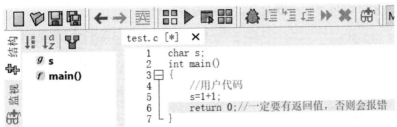

图 7　基本程序的输入界面

如图 7 所示，先定义和变量 s。因为只计算 1+1，所以 s 取类型 char 就可以了，即

char s;

C 语言规定每条语句用 ";" 来表示结束。

求和就是将运算结果赋给和变量，写作 s=1+1。

在以前的数学学习中，"=" 有两个不同的操作含义：一个表示结果赋给(也称为赋值)，另一个是表示相等比较。C 语言中为了区分这两个不同的操作，赋值操作用 "="，把右边表达式的值赋给左边的变量；相等比较操作用"=="，两边的表达式值进行比较，结果为"真"或 "假"，即成立或不成立。

C 语言都必须有一个主程序 main，主程序中放置具体操作程序代码，结束时返回整型值语句。通常一定要有返回值，否则会报错。

如果想在语句后面加注释，那么先输入 "//"，随后输入说明文字。比如，上面的"用户代码""一定要有返回值，否则会报错"都是注释。

当程序代码没有错误时，编译生成可执行文件。

2. 如何知道程序是否正确

要用调试工具来测试代码运行是否正确。在菜单栏 "运行" 中选择 "调试"、直接点击图标🐞或按 F5 键，进入调试界面，如图 8 所示。

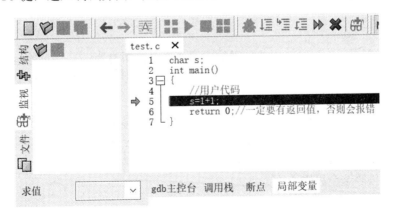

图 8　调试界面

标号前面的箭头表示当前要执行的语句。图 8 中，当前要执行语句为 s=1+1。

为了观察到 s 的值变化，应在监视栏中加入 s。在菜单栏"运行"中选择"添加监视"，或直接点击图标，进入添加监视界面，键入 s 后确认，在左侧的竖栏中将出现 s 的当前值，如图 9 所示。也可以选中变量名，再点击图标来加入。

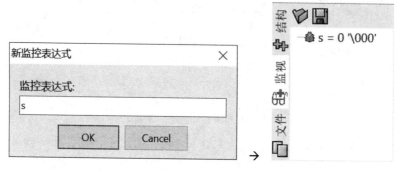

图 9　添加监视变量

点击图标 (单步进入)或按 F8 键后，箭头下移一行，监视栏中的 s 值变为 2，如图 10 所示。

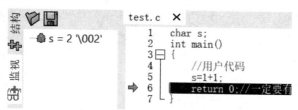

图 10　代码调试

可以看出，s=1+1 运算完成了。点击图标 或按 F6 键，结束调试。

C 语言提供的算术运算符为+、−、*、/、%。其中，+ 是加，− 是减，* 是乘，/ 是除(两个都是整数时是整除)，%表示整除求余(只能是两个整数使用)。当表达式中需要用括号时，所有数学表达式中的 {、[、(都用 (代替,}、]、) 都用) 代替。算术表达式中不允许出现 {、}、[、]。例如，算术表达式{[(2+3)×2+2]÷4+2}×3 的 C 语言表达式为(((2+3)*2+2)/4+2)*3。

三、类型的选取

在 C 语言中，s=1+1 和 s=2 是一样的。编译器会把所有不涉及变量的运算执行了，把结果写入代码中，只是编程者不知道，这样可以让程序少执行一个没有意义的运算，因为计算机只会处理有变量参加的运算。

高年级的学生看 1+1=? 时可能会给出新的描述：假设两数分别为 x 和 y，其和为 s，即 s=x+y，求当 x=1、y=1 时 s 的值。解答过程为：s=x+y=1+1=2。这种思维是先定义和的求解公式，再将数值代入进行计算。

程序代码按照这个思维改写如下：

char x, y;

char s;

int main()

```
    {
        x=1;
        y=1;
        s=x+y;
        return 0;
    }
```

编译生成可执行文件后进行调试。由于运算涉及三个变量，因此在监视窗口增加了 x 和 y，如图 11 所示。执行一步，x 值变为 1，再执行一步，y 值变为 1，再执行一步，s 值变为 2，完成了求解 1+1=？。图 12 给出执行完 s=x+y 后的结果。

图 11　程序执行前的界面 　　　　　　　　图 12　加法语句执行后的界面

又如，编程计算 100+50=？。在主函数中将 x=1 改为 x=100，将 y=1 改为 50。编译后调试，单步运行。第一步，x 值变为 100；第二步，y 值变为 50；第三步，如图 13 所示，s 值变为−106，这是怎么回事呢？

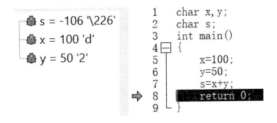

图 13　计算 100+50 时超界出错

在 C 语言中，进行运算的三句话确实没错，关键是每个变量都是有大小约束的，不能超过限制。char 型变量值的范围是−128～127，x 和 y 在范围之内，但 s 最大只能到 127，保存值 150 一定是放不下而出错的。

如果将 s 改成 unsigned char 型可以吗？如图 14 所示，运行结果正确。

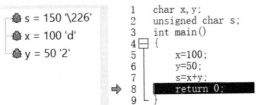

图 14　计算 100+50 过程中的类型修正

这是不是真正解决问题了呢？由于 unsigned char 型的值的范围是 0～255，无法保存负值，因此，虽然解决了 100+50=？，但是并没有从根本上解决问题。

因此，我们要考虑可以保存正负数的类型变量，其值的范围应包含–256～254，即两个 char 型数的和的最小值到最大值。将 s 改为 short 型，调试结果正确，如图 15 所示。

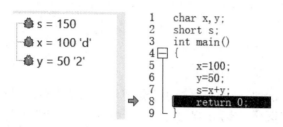

图 15　正确使用类型

综上所述，使用变量时一定要注意类型允许的最小值和最大值，不能超出范围。

四、函数

计算机编程中也会用函数吗？

我们先来看一道数学题。已知函数 f(x,y)=x+y，求 f(1,1) 的值。由题目可知，f(1,1)=1+1=2。其实，C 语言也提供了函数功能，先定义一个函数：

short f(char x, char y)

{

　　return x+y;

}

这就是 f(x,y)=x+y 的函数代码。函数可以看成一个多输入(自变量)单输出(因变量)的处理功能模块。其中，f 是功能模块名，即函数名，其功能语句称为函数体，以"{"开启，以"}"结束；x 和 y 是局部变量(自变量)，保存输入的数值。因为因变量的值是 f(x,y) 的输出，采用 return 语句实现值的输出，所以因变量的值就是返回值。由于函数只需要提供因变量的值，因此不需要定义变量名，只定义返回值的类型即可。

函数有时也称为过程，在一个函数体内使用另一个函数，称为调用，被调用的函数相对于该函数称为子函数。

在主函数中调用子函数 f(x,y)，程序如图 16 所示。经编译、调试后发现，监视框中的 x 和 y 无法观察。这是因为监视框内无法查看函数的内部变量，即 x 和 y 是函数内部的变量，外面是无法看到的。

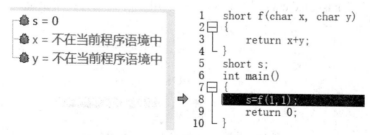

图 16　子函数调用和调试

当单步进入函数体内时，x 和 y 的值就出来了，如图 17 所示。

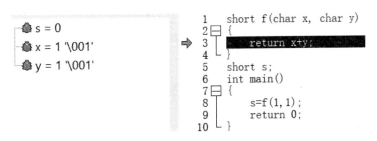

图 17 内部变量监视

但是，既然到了函数体内部，为什么还能看到 s 的值呢？其实在 C 语言中，凡是在函数外部定义的变量，称为全局变量，在函数体外和体内都可以使用；而函数定义及函数体内定义的变量只能在函数体内使用，称为局部变量。局部变量在使用函数时有效，在函数结束后无效。在文件框下面有用于调试和观察程序执行的工具栏，点击"局部变量"即可自动显示函数体内变量的值，如图 18 所示。

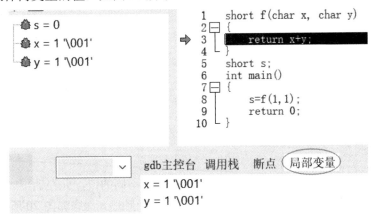

图 18 局部变量监视

单步执行两次后返回到主函数中的语句 s=f(1,1)，再执行一次相当于把返回值赋给 s，s 值变为 2，至此计算完成。

五、变量作用域

数学函数爱好者总看不惯在函数中直接写数值，感觉没有神秘感。在他们看来"值是 1 并不代表只能为 1"。虽此处调用使用值 1，但彼处调用可能使用其他值。调用时使用变量，常量赋给变量，通用易读，何乐而不为？我们还是来看一下程序实例吧。

```
short f ( char x, char y)
{
    return x+y;
}
char x, y;
short s;
int main()
{
```

```
        x=1;
        y=1;
        s=f(x,y);
        return 0;
    }
```

其中，x 和 y 定义了两次，编译却通过了，接下来调试一下看看计算中是否会出错。

　　进入调试界面，监视框的 x 和 y 显示初值。执行到函数体，局部变量中的 x 和 y 也出来了，如图 19 所示。那么到底当前的 x 和 y 是哪次定义的呢？

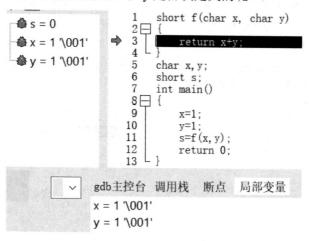

图 19　重名变量调试

　　为了弄清楚这个问题，我们令主程序的 x 和 y 取不同的值，并在调用时更换位置，即将全局变量 x 和 y 分别置为 1 和 2，在调用函数时更换顺序，程序如图 20 所示，编译调试，观察进入函数体内时各变量的取值。

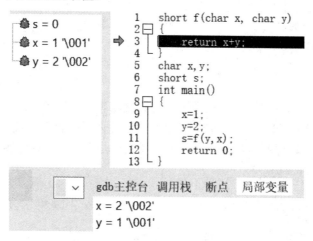

图 20　重名变量作用域调试

　　监视框内的 x=1，y=2，而函数体内的局部变量 x=2，y=1。监视框内的 x 和 y 是函数外部定义的全局变量，函数体内使用的 x 和 y 是函数定义的局部变量。因此，在函数体内，遇到相同名称的全局变量和局部变量时，该变量只能是局部变量。调用过程是这样的：把全局变量 y 的值 2 传给函数的局部变量 x，故局部变量 x 的值为 2；把全局变量 x 的值 1 传给函数的局部变量 y，故局部变量 y 的值为 1。为了方便，称呼局部变量时把函数名加上，即 f 的 x 和 f 的 y，相当于加上姓氏，局部与全局变量同名不同姓，故互不影响。

全局变量与局部变量重名，实质上是两个不同的变量。每个局部变量是在函数调用时才生成的，每次调用生成的变量名字是相同的，但分配的空间不一定相同。

六、分支结构

人们有时会在两件事情上做选择：如果(条件关系)成立，那么(做这件事)，反之(做那件事)。我们可以用 C 语句来写这句话：

```
if(条件关系)//如果条件关系成立，那么
{
    做这件事;
}
else//反之(条件关系不成立)
{
    做那件事;
}
```

这种通过判断条件关系来做选择的程序结构也称为分支结构，其框架如图 21 所示，条件关系成立则执行支体 1，不成立则执行支体 2。

例如，计算绝对值 y=|x|，程序如图 22 所示，并且调用两次测试。函数体内的局部变量用来暂时保存计算值。

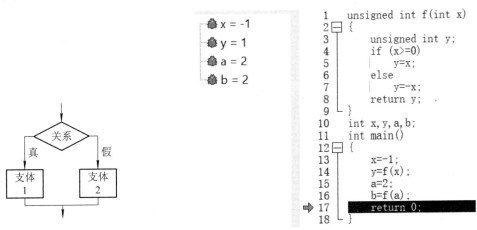

图 21　if-else 语句结构　　　　图 22　基于 if-else 结构计算绝对值

有时只做一件事，"如果(条件关系)成立，那么做(这件事)，反之什么都不做"，其流程结构如图 23 所示。

例如，同样计算绝对值 y=|x|，可以写成如图 24 所示的函数 f 并调用两次测试。

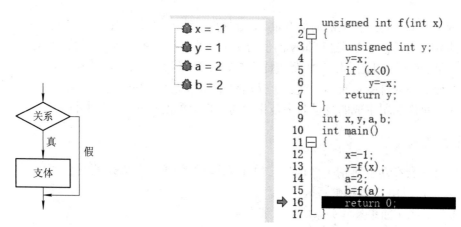

图 23 if 语句流程结构   图 24 基于 if 结构计算绝对值

七、循环结构

使用 C 语言计算 $1+2+\cdots+10$，其计算过程如表 2 所示。

表 2 求和计算过程

序号 n	前面数的总和 $0+\cdots+(n-1)$	加	当前数 n	等于	当前数及以前的数的总和 $0+\cdots+n$
1	0	+	1	=	1
2	1	+	2	=	3
3	3	+	3	=	6
⋮	⋮	⋮	⋮	⋮	⋮
9	36	+	9	=	45
10	45	+	10	=	55

这种方法是不断用以前求得的和值与当前数值相加的结果更新和值。用 s 保存和，更新语句为 s=s+n，即先把 s 值取出来，与 n 相加，所得的和值再保存至 s 中。由此可见，变量的值在赋值前后有可能不同，即

$$s = 0 \rightarrow s = s + 1 \rightarrow s = s + 2 \rightarrow s = s + 3 \rightarrow \cdots \rightarrow s = s + 9 \rightarrow s = s + 10$$

由计算过程可以看出，每计算一个，数值加 1，当数值加到 10 后，计算结束。

把计算过程进行归整一下，可构成如表 3 所示的步骤列表。

表 3 计算步骤列表

操作序号	操作执行
1	s 赋 0;
2	n 赋 1;
3	若 n<=10 则执行 4，否则结束
4	s=s+n
5	n=n+1
6	执行 3

从执行上看，计算过程是 1→2→3→4→5→6→3→4→…→6→3，其中有一个反复执行的 3→4→5→6，这称为循环，即当条件成立时执行一些操作，这些操作就称为循环体，条件称为循环条件，可以用图 25 所示的流程图表示。

C 语言用 while 语句表示：

while (条件关系)//如果条件关系成立，那么执行循环体，反之执行循环体后续语句

{

　　//循环体

}

计算 1+2+…+10 的程序和编译调试结果如图 26 所示。

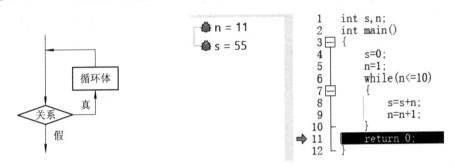

图 25　while 流程结构　　　　图 26　基于 while 语句的求和程序

当这个循环是固定次数的，还可以用计数型循环 for 语句来描述。

在计数型循环结构中，采用计数量确定循环次数，执行前对计数量赋初值，每次执行循环体前检测计数量是否达到规定数值，每次执行完循环体后计数量更新。其 C 语句如下：

for(<计数量)=<初值>; <执行循环体的关系>; <循环量更新表达式>)

{

　　//循环体;

}

因此计算求和还可以写成如图 27 所示的程序。

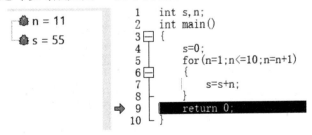

图 27　基于 for 语句的求和程序

这里，用 n 作为计数量，先判断条件 n<=10 是否成立，若成立，则执行 s=s+n，再将 n 增 1，否则就结束。

在 C 语言中，如果赋值变量本身参与运算，那么可以简写运算表达式，如 s=s+n 可以写成 s+=n，n=n+1 可以写成 n+=1，还可以写成 n++ 或 ++n。其中，n++ 表示先取 n 值使用，语句执行完后再将 n 增 1；++n 表示执行语句之前先将 n 增 1，再取 n 值使用。

八、迭代与递归

由前面求和的实例可以看出，程序运算过程实质是在计算：

$$s_n = \begin{cases} 0 & (n=0) \\ s_{n-1}+n & (n>0) \end{cases}$$

即进行循环运算。

1. 迭代

迭代是指重复反馈过程的活动，每一次迭代的结果会作为下一次迭代的初始值。

令函数 s=f(x,y)，反复调用该函数，前一次调用结果作为下一次调用的参数。其计算流程是：s=0→s=f(s,1)→s=f(s,2)→…→s=f(s,n)。相应的程序及调试结果如图 28 所示。

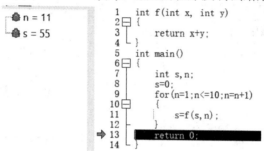

图 28　迭代求和程序

2. 递归

递归用来描述以自相似方法重复事物的过程，在数学和计算机科学中，指的是在函数定义中使用函数自身的方法。

从最后一个数开始计算，其流程是：当 n=10 时，要求出 s10，就要先求出 s9，要求出 s9，就要先求出 s8，以此类推，要求出 s1，就要先求出 s0，s0 已知，一个个代回求出所要求的值。程序如图 29 所示，其单步调试过程如图 30 所示。

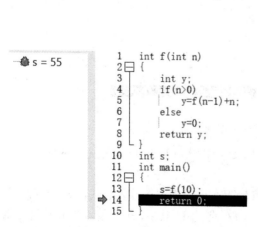

图 29　递归程序

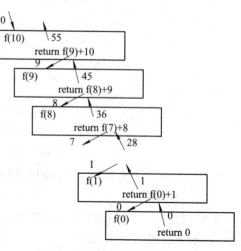

图 30　递归程序调用流程

由调试过程可以发现，函数每调用一次，计算机会自动分配一次局部变量，所以函数反复调用时，其局部变量的位置是不同的。

九、结构体与数组

计算机并不是专门用来计算的，还需要处理各种信息。处理这些信息的前提是如何描述现实生活中的物体。

1. 结构体

比如，要描述我的房子，可以按以下步骤来完成。

首先，给出房子的结构或规格，把房子布局列出来，构成一个集合，称之为结构体。例如：

structure 名世经典房型
{
    主卧；客卧；书房；
    主卫；客卫；
    餐厅；客厅；
    厨房；储物间；洗衣间；阳台；
}

再按这种结构来定义变量我的房子，我的房子的类型就是名世经典房型。定义如下：

struct 名世经典房型 我的房子；

我的房子中的主卧也是一个变量，但不需要定义了，可直接写成：我的房子.主卧。可见，定义一个结构体变量，实质是定义了和结构体所包括的量一样多的变量。

图 31 是一个平面几何中求两点之间距离的示例。

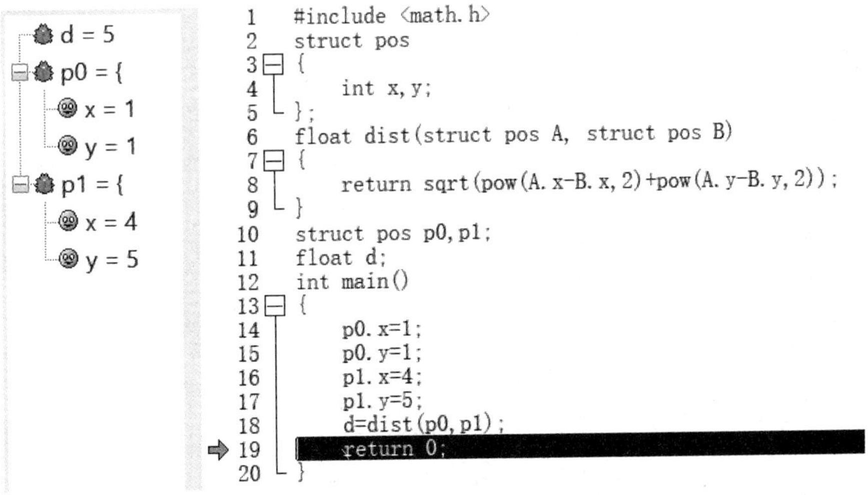

```
1   #include <math.h>
2   struct pos
3   {
4       int x,y;
5   };
6   float dist(struct pos A, struct pos B)
7   {
8       return sqrt(pow(A.x-B.x,2)+pow(A.y-B.y,2));
9   }
10  struct pos p0,p1;
11  float d;
12  int main()
13  {
14      p0.x=1;
15      p0.y=1;
16      p1.x=4;
17      p1.y=5;
18      d=dist(p0,p1);
19      return 0;
20  }
```

图 31 基于结构体的两点距离求解程序

首先，定义一个平面上的点的结构体，由 x 坐标和 y 坐标构成。

接着，将求距离定义为一个函数，输入参数是两个点 A 和 B。在求距离时，求两点的 x 坐标差用 A.x-B.x，求 y 坐标差用 A.y-B.y，由于求距离需要平方和平方根运算，需要采用 C 语言自带的库中的 pow 函数和 sqrt 函数，因此在程序前面用语句#include <math.h>来告诉编译器使用自带的函数库。pow(x,2)表示 x^2，sqrt(x)表示 $\sqrt{x}$。

最后，定义两个点的全局变量 p0 和 p1，以及两者距离 d。在主函数中分别对 p0 和 p1 的点的坐标进行赋值，并调用求距离函数。

2. 数组

假定有 5 个点，这 5 个点按顺序两两连线，求沿这 5 个点之间的连线运动的总路程。这 5 个点可以分别定义为 p1、p2、p3、p4、p5。由于是不同的名称，因此计算时要一一列出。那么，能否像数学中一样采用改变下标的方法来改变变量呢？

C 语言支持多个相同类型变量分组定义，即把有 N 个共同类型的变量定义成数组，格式如下：

类型 变量名[数量];

使用其中的一个变量时，采用变量名[序号]来表示，序号从 0 开始，最大值为变量数 N−1。

例如，上述 5 个点定义为 struct pos p[5]。但每次写 struct pos 有点费时，那么可以采用类型定义语句 typedef struct pos POS;来定义一个新的类型 POS，它本身就是所定义的结构体类型。因此，定义 5 个点的语句写成：

POS p[5]:

对第 3 个点的 x 坐标进行处理时，使用 p[2].x 来表示。图 32 是求 5 个点顺序连线总和的程序。其中，(POS){4,5}用于将顺序存放的数 4 和 5 转换为 POS 结构的一个常量，主要用于结构体赋值。

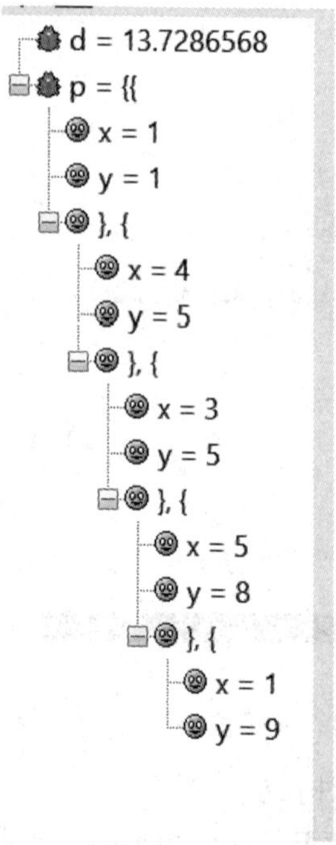

```
     d = 13.7286568          1   #include <math.h>
     p = {{                  2   struct pos
        x = 1                3   {
        y = 1                4       int x, y;
     }, {                    5   };
        x = 4                6   typedef struct pos POS;
        y = 5                7   float dist(struct pos A, struct pos B)
     }, {                    8   {
        x = 3                9       return sqrt(pow(A.x-B.x, 2)+pow(A.y-B.y, 2));
        y = 5                10  }
     }, {                    11  POS p[5];
        x = 5                12  float d;
        y = 8                13  int main()
     }, {                    14  {
        x = 1                15      int i;
        y = 9                16      p[0].x=1;
                             17      p[0].y=1;
                             18      p[1]=(POS){4,5};
                             19      p[2]=(POS){3,5};
                             20      p[3]=(POS){5,8};
                             21      p[4]=(POS){1,9};
                             22      d=0;
                             23      for(i=0;i<4;i++)
                             24      {
                             25          d+=dist(p[i],p[i+1]);
                             26      }
                             27      return 0;
                             28  }
```

图 32 基于结构体数组的 5 点距离求和程序

十、地址与指针

每个变量都有自己的存储空间，如同房子一样，存储空间都有唯一的地址。对于单变量，采用&来取该变量地址；对于数组，变量名就是地址。有时也将地址称为指针，相应的变量也称为指针所指的变量。

假定单变量 s 的地址用&s 获取，数组变量 x 的变量地址就是 x 本身的值。如果定义变量来保存地址，那么采用这种格式：

类型　*变量名；

例如：

long *pa;

short *pb;

char *pc;

指针变量实质上是指向某变量的空间，因此指针变量在使用之前必须赋合理的数值，否则程序会出现异常或错误。

地址的值通常通过取变量地址得到。如果地址的值是确知的，那么也可以直接赋值。例如：

int a;

int * p;

p=&a;　　　　　　　　//把整型变量 a 的地址值保存在 p 中

p=(int*)1236;　　　　　//把 1236 作为整型变量的地址保存在 p 中

当对指针变量所指的变量赋值时，采用*来赋值。例如：

*p=1236;

如果向地址为 1236 的整型变量赋值 1236，那么可以写成以下语句：

((int)1236)=1236;

通常不建议直接将立即数作为地址来使用，否则容易导致系统异常。

图 33 是指针变量应用示例。

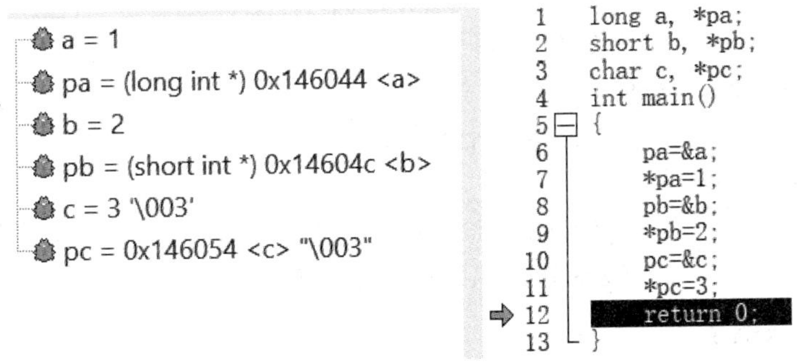

```
1    long  a,  *pa;
2    short b,  *pb;
3    char  c,  *pc;
4    int main()
5  ┌ {
6  │      pa=&a;
7  │      *pa=1;
8  │      pb=&b;
9  │      *pb=2;
10 │      pc=&c;
11 │      *pc=3;
12 │      return 0;
13 └ }
```

```
a = 1
pa = (long int *) 0x146044 <a>
b = 2
pb = (short int *) 0x14604c <b>
c = 3 '\003'
pc = 0x146054 <c> "\003"
```

图 33　指针变量应用示例

对于结构体指针，采用"->"来连接其结构体所含的变量。例如：

struct pos p0,*p;

p=&p0;

```
p->x=1;        //也可以写为(*p).x，相当于 p0.x
p->y=1;        //也可以写为(*p).y，相当于 p0.y
```

十一、常用杂项

1. 变量和函数的声明

变量和函数在使用前都要声明。如果变量和函数的定义在使用之前，那么声明可以忽略；反之需要在使用它们的函数定义之前声明。例如：

```
int f(int x);
int a;
int main()
{
    a=f(1);
    return 0;
}
int f(int x)
{
    return -x;
}
```

使用其他文件定义的某变量或函数时，需要采用 extern 来声明该变量或函数，格式如下：

extern 类型 变量/函数名();

如果某个变量或函数不允许被其他文件使用，需要采用 static 来定义该变量，格式如下：

static 类型 变量/函数名();

2. 定义标识符

通常采用#define 来定义标识符，它不是语句，只是用于编写程序代码文本时替代数值或表达式。

```
#define ID    123          //程序中的 ID 都代表字母 123
x=ID;                      //等效语句 x=123;
#define SUM(x,y)   (x+y)
y=SUM(n,m);                //等效语句 y=(n+m);
#define STU   x
y=STU0;                    //y=x0; STU 变为 x，与 0 合成一个 x0，作为变量使用
z=STU[0];                  //z=x[0]; STU 变为 x，与[0]合成一个 x[0]，作为变量使用
```

3. volatile 关键字

在许多场合，在定义变量类型前加 volatile，这是为什么呢？

C 语言程序在使用变量时，有时会缓存变量值，在执行局部程序代码时不用每次都读取存储空间，这样节省时间。有的变量缓存起来不影响处理，但有的变量会在执行中被其他程序改变，而缓存与实际空间没有同步更新，导致数据出错。

为了保证这些变量值的变化能够立即生效，每次从变量所在空间中读，每次写至变量

所在空间。例如：

　　volatile int x;　　　　//整型变量 x 在使用时访问实际空间

　　#define PORT (*(volatile short *)1236)

　　　　　　//定义一个标识，它是地址为 1236 的短整型空间，每次使用时访问实际空间

4. 头文件

　　头文件主要作用是声明变量和函数，供外部使用。通俗地讲，头文件定义了函数或变量列表，供其他文件打开以获取其中的函数和变量名。头文件本身不包含程序的逻辑实现代码，只起描述性作用，用户程序只需要按照头文件中的接口声明来调用相关函数或变量，链接器就会从库中寻找相应的实际定义代码。例如：

　　#include <stdio.h>

　　#include <math.h>

　　#include "myfun.h"

其中，<>是标准库头文件，""则是非标准库头文件。

参 考 文 献

[1] 姚文祥. Arm Cortex-M3 与 Cortex-M4 权威指南. 3 版. 吴常玉, 曹孟娟, 王丽红, 译. 北京: 清华出版社, 2015.

[2] 严海蓉, 薛涛, 曹群生, 等. 嵌入式微处理器原理与应用. 北京: 清华大学出版社, 2014.

[3] 杨振江, 朱敏波, 丰博, 等. 基于 STM32ARM 处理器的编程技术. 西安: 西安电子科技大学出版社, 2016.

[4] 楼顺天, 周佳社, 张伟涛. 微机原理与接口技术. 2 版. 北京: 科学出版社, 2015.

[5] 马忠梅, 徐琰, 叶青林. ARM Cortex 微控制器教程. 北京: 北京航空航天大学出版社, 2010.

[6] ARM. ARMv7-M Architecture Reference Manual, 2014.

[7] STMicroelectronics. STM32F401CB Datasheet, 2019.

[8] STMicroelectronics. STM32F401xB/C and STM32F401xD/E advanced Arm®-based 32-bit MCUs Reference Manual, 2018.